ANGELA BECK

Meer-schweinchen

HALTEN | PFLEGEN | BESCHÄFTIGEN

scannen & erleben

KOSMOS

INHALT

AUSSUCHEN

SCANNEN UND ERLEBEN

 QR-Codes im Buch scannen: Der schnelle Zugang zu weiteren Infos und Filmen rund um Ihr Tier. Mit diesem Code oder unter www.m.kosmos.de/13254/t1 gelangen Sie zur Übersicht der QR-Codes. Wir empfehlen Ihnen eine WLAN-Verbindung zu nutzen, um lange Ladezeiten zu vermeiden.

VERSORGEN

alles im Überblick

alles Wissenswerte

alle Extras

VERSTEHEN

alles im Überblick

alles Wissenswerte

alle Extras

Meerschweinchen und Gehege
AUSSUCHEN

GRUNDAUSSTATTUNG

S. 10

Alles bedacht?

Bevor Sie sich Meerschweinchen kaufen, sollten Sie sorgfältig abwägen, ob Sie die nächsten sechs bis acht Jahre für die Tiere sorgen können. Kaufen Sie die Grundausstattung und richten Sie das Meerschweinchengehege ein, danach dürfen die Schweinchen bei Ihnen einziehen. Meerschweinchen bekommt man im Zoofachhandel, beim Züchter, im Tierheim oder bei Tierschutzorganisationen, manchmal auch von Privat; und als guter Tierfreund kaufen Sie mindestens zwei Meerschweinchen.

S. 12

Checkliste

Darauf achten Sie beim Meerschweinchenkauf:

- Die Tiere sind mindestens 8 Wochen alt
- Sie sind nach Geschlechtern getrennt
- Sie haben glänzende Augen, eine saubere Nase und saubere Ohren
- Das Fell ist sauber und glänzend, ohne Verklebungen am Po
- Sie bewegen sich flink ohne zu hinken
- Sie sind kompakt gebaut.

S. 16

Wer mit wem?

Sehr gut vertragen sich zwei oder mehrere Weibchen. Ein kastriertes Böckchen mit einem oder mehreren Weibchen funktioniert ausgezeichnet, während es bei mehreren Männchen schneller zu Streitereien kommen kann.

WO MEERSCHWEINCHEN
herkommen

ANDEN, SÜDAMERIKA. Es ist früh am Morgen. Über der weiten Grassteppe kreist ein einzelner Vogel. Sonst ist es still. Still? Nein, wenn man ganz genau hinhört, vernimmt man ein leises Rascheln und sanfte, nie verstummende Gluckslaute. Das hohe Gras ist von einem wahren Labyrinth von Trampelpfaden durchzogen, das sind die Trampelpfade der wilden Meerschweinchen!

Geschützt Als Höhlenbewohner lieben Meerschweinchen Häuschen und Röhren, in denen sie sich sicher fühlen.

Davon geflitzt Droht Gefahr, rennen die Meerschweinchen möglichst schnell zur nächsten Deckung und suchen Schutz.

Aufgeregtes Geplapper Danach wird alles besprochen. Meerschweinchen sind sehr gesprächig und teilen sich mit.

Im Gänsemarsch

Sie bewegen sich im Gänsemarsch, vorne und hinten die Großen, die Jungen gut geschützt in der Mitte. Mit ihren glucksenden Lauten halten sie ständig Kontakt, denn sehen kann man im dichten Gras nicht viel. Dafür nehmen ihre Ohren jedes kleinste Geräusch wahr. Die Meerschweinchensippe – es sind an die 20 Tiere – ist auf dem Weg zu einem ihrer Weideplätze. Dort angekommen, fangen sie an zu fressen. Sie lieben Gras und Kräuter, aber auch vor trockenen Halmen machen sie nicht Halt. Besondere Leckerbissen sind Knospen, Blüten, Früchte und Samen, aber auch Rinden und frische Zweige der seltenen Bäume und Sträucher. Und während die ganze Sippe ihr Frühstück einnimmt, hält reihum immer einer Wache.

Gefahr in Verzug

Eine unvorsichtige Bewegung, ein ungewohntes Geräusch, ein Schatten von oben: Der „Wachhabende" stößt einen lauten, durchdringenden Warnpfiff aus und in Sekundenschnelle ist die ganze Sippe wie vom Erdboden verschwunden. Entlang ihres weit verzweigten Wegenetzes befinden sich zahllose Schlupfwinkel, in die sie sich bei Gefahr zurückziehen. Auf diese Weise werden die Meerschweinchen für hungrige Feinde unsichtbar.

Höhlenbewohner

Schon nach kurzer Zeit wagen die Ersten einen vorsichtigen Blick aus ihrem Versteck. Nach und nach tauchen alle wieder auf und „besprechen" sich mit aufgeregtem Glucksen, Fiepen und Grunzen. Alle sind sich einig: Es geht im Gänsemarsch zurück in den schützenden Bau. Wo sie keine natürlichen Höhlen finden, leben sie auch in verlassenen Erdbauten anderer Tiere, denn selbst buddeln können sie kaum. Die hellen Stunden des Tages, in denen viele Fressfeinde unterwegs sind, verbringt die Meerschweinchensippe – mal wach, mal schlafend – im und nahe beim schützenden Bau. Erst wenn die Dämmerung hereinbricht, macht sich die Kolonie wieder im Gänsemarsch auf den Weg zu den Weideplätzen.

Nach Europa

Schon die Indios haben Meerschweinchen gehalten und gezüchtet, um ihren Speiseplan zu erweitern. Als die spanischen Eroberer Amerika entdeckten, stießen sie auch auf die Meerschweinchen. Vermutlich dienten sie als Proviant auf der langen Reise, doch anscheinend haben sie auch Gefallen an den Nagern gefunden und sie ihren Familien nach Hause mitgebracht. Da Meerschweinchen leicht zu halten und zu zähmen sind, wurden sie zum beliebten Haustier. ■

Herzenssache
MEERSCHWEINCHEN

LUST AUF SCHWEINCHEN Es riecht nach frischer Einstreu, duftig grünem Bergwiesenheu und nach sonnenbeschienenem Fell. Der große Auslauf ist mit hübschen Holzhäusern bestückt, Korkröhren und Weidenholzbrücken sind locker in der Streu verteilt. Es quiekt und gluckst unter Heuhaufen, Häuschen und Unterschlüpfen. Hier reckt ein Meerschweinchen seine Nase neugierig aus dem Häuschen, dort drüben macht sich ein wuscheliges über eine Karotte her, ein anderes wetzt von Unterstand zu Unterstand. Eine kunterbunte Rasselbande, die sich ständig etwas zu erzählen hat. Bei diesem Anblick schlagen fast alle Herzen höher und schnell entsteht der Wunsch nach einem eigenen Meerschweinchen.

Drum prüfe, wer sich bindet

Doch bei aller Euphorie gilt es nun, einen kühlen Kopf zu bewahren und sich nicht zu einem Spontankauf hinreißen zu lassen. Das fällt oft schwer, vor allem, wenn Kinder involviert sind, die sich nichts sehnlicher wünschen, als zwei Meerschweinchen.

Allerdings tun Sie den Tieren den allergrößten Gefallen, wenn Sie sich vorab mit rationalen Überlegungen auseinandersetzen. Denn wenn Sie nach allem Für und Wider immer noch zum Kauf bereit sind, geben Sie den Meerschweinchen das Versprechen, dass es ihnen mit hoher Wahrscheinlichkeit ein Leben lang gut gehen wird.

Gesellig Nur in der Gruppe fühlen sie sich wohl. Mindestens zwei Tiere sollten es sein, gern auch drei oder mehr.

Spannend Erst in der Gruppe zeigen die kleinen Nager ihr ganzes Verhaltensrepertoire, das gut zu beobachten ist.

Kleine Genießer Die meisten Meerschweinchen können solch einem leckeren Kräutersträußchen nicht widerstehen.

Gewissensfragen

Folgende Punkte sollten vorab geklärt sein:

- Ein Meerschweinchen allein wäre totunglücklich, denn Meerschweinchen leben in Gruppen zusammen und brauchen Artgenossen. Wenn schon Schweinchen, dann mindestens zwei oder gar drei.
- Bei guter Pflege werden die Tiere zwischen sechs und acht Jahre alt, in Einzelfällen sind zehn Jahre durchaus möglich. Haben Sie Tag für Tag Zeit und sind dazu bereit, die Tiere zu versorgen, und das ihr Leben lang?
- Auch Meerschweinchen brauchen ein Zuhause in ihrer Wohnung. Haben Sie genügend Platz, um ihnen ein großes Meerschweinchenheim einzurichten, das ihnen ein artgerechtes Leben ermöglicht?
- Auch kleine Tiere kosten Geld. Sie brauchen Streu, Heu, Futter und ab und zu ein neues Häuschen. Das ist überschaubar, allerdings fallen im Krankheitsfall Tierarztkosten an, die je nach Behandlung auch mal höher sein können. Planen Sie die Unkosten ein.
- Und wo wir gerade bei Gesundheit sind: Wie steht es mit Ihrer oder der Ihrer Familie? Ist jemand gegen Tierhaare oder Heu allergisch?
- Wohin im Urlaub? – Auch daran sollten Sie denken. Gibt es Freunde und Bekannte, die Ihre Schweinchen zuverlässig versorgen, während Sie weg sind?

Wenn Sie alle Punkte sorgfältig geprüft haben und einlösen können, dann steht dem Kauf nichts mehr im Weg.

Kinderkram?

Noch ein Wort an die Eltern: Kinder lassen sich schnell begeistern und sind Feuer und Flamme, wenn es um die Anschaffung von Tieren geht. Allerdings kann es sein, dass sie ihr Interesse genauso schnell wieder verlieren bzw. auf andere Dinge richten. Wenn Sie die Tiere für Ihre Kinder kaufen, sollte Ihnen bewusst sein, dass Sie die Verantwortung für Wohl und Weh der Tiere tragen. Auch wenn das Kind mithilft und sich beteiligt, kann es nicht alle Aufgaben ganz allein erledigen. Hier ist Teamwork gefragt.

Gesunde
MEERSCHWEINCHEN FINDEN

DIE QUAL DER WAHL Nachdem alle Fragen kritisch beleuchtet wurden, können Sie sich nun Gedanken über die Tiere machen. Lassen Sie sich Zeit und wählen Sie Ihre Tiere mit Bedacht aus. Wichtig ist, dass sie gesund sind.

Wo gibt es Schweinchen?

Fast jede Zoofachhandlung bietet Meerschweinchen an. Auch beim Züchter bekommen Sie Meerschweinchen – hier sind es oft sogar Rassetiere. Vielleicht haben Nachbarn oder Freunde unerwarteten Meerschweinchen-Nachwuchs, der eine neue Bleibe sucht. Und auch in Tierheimen und bei Tierschutzorganisationen warten viele Meeris auf ein neues, liebevolles Zuhause.

Nach Geschlechtern getrennt

Achten Sie beim Kauf darauf, dass die Tiere rechtzeitig nach Geschlechtern getrennt wurden. Sonst ist die Wahrscheinlichkeit recht hoch, dass Sie ein oder zwei bereits trächtige Weibchen mit nach Hause nehmen – und damit bald eine ganze Sippe beherbergen. Wie man Männchen und Weibchen unterscheidet, wird im Kasten beschrieben.

Gesunde Meerscheinchen haben klare, glänzende Augen, ein sauberes Näschen und sind munter und neugierig.

Nicht zu jung

Ein Jungtier sollte mindestens 500 g wiegen, bevor es in sein neues Zuhause übersiedelt. Dann ist es etwa acht Wochen alt, futterfest – das heißt, es kann alles fressen und verträgt es auch – und konnte sein Sozialverhalten entwickeln. Zu früh abgegebene Tiere sind oft ängstlich und scheu und haben Probleme, sich in neue Meerschweinchengruppen einzufinden.

Gesundheits-Check

Bevor Sie die Meerschweinchen mit nach Hause nehmen, sollten Sie diese ausführlich unter die Lupe nehmen. Gesunde Meerschweinchen ...

- haben einen mollig runden, aber nicht fetten Körper. Sie sind kompakt und wohlgeformt.
- kann man ab einem Gewicht von etwa 500 g (das entspricht einem Alter von acht Wochen) zu sich nehmen.
- haben klare, möglichst große Augen, die lebhaft glänzen. Sie dürfen weder tränen noch entzündet sein.
- haben an Nase, Ohren und Lippen keine Verkrustungen.
- atmen ruhig und gleichmäßig.
- haben einen weichen, nicht aufgeblähten Bauch.
- Die Schneidezähne stehen gerade aufeinander und sind gleichmäßig abgenutzt.
- Der Po ist sauber und ohne Verklebungen.
- haben ein dichtes, glänzendes Fell ohne kahle Stellen (kahle Stellen hinter den Ohren sind normal).
- riechen nach frischem Heu und sauberer Einstreu.
- bewegen sich flink, locker und frei, ohne zu humpeln. Die Fußstellung ist korrekt und die Krallen gerade.

Umzug ins neue Zuhause

Für den Nachhauseweg kommen Meerschweinchen in eine spezielle Transportbox. Gut geeignet ist eine Transportbox für Katzen, denn darin lassen sich auch zwei oder drei transportieren. Die Boxen sind gut belüftet und die Schweinchen haben genügend Platz. Legen Sie ein Handtuch oder etwas Streu hinein und bieten Sie Heu zum Knabbern und Verstecken an. Achten Sie darauf, dass es weder zu heiß noch zu kalt ist. ■

DAS GESCHLECHT BESTIMMEN
Nehmen Sie das Tier mit Bauchseite nach oben.

1. Bei Weibchen erkennt man ein deutliches „Y",
2. bei Männchen ein „i".

Wenn man beim Männchen vorsichtig mit dem Finger auf den Bauch in der Nähe der Analregion drückt, tritt der Penis hervor. Sowohl Männchen als auch Weibchen haben Zitzen, sie können also nicht zur Geschlechtsbestimmung herangezogen werden.

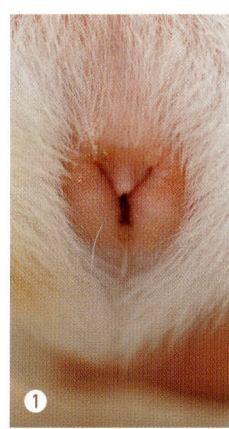
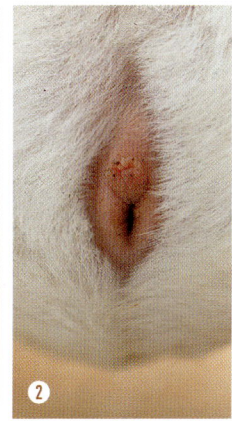

DIE SCHÖNSTEN
Meerschweinchen-rassen

❶ Crested

Glattes, kurzes Fell mit Krone (Schopf, Wirbel) auf dem Kopf. Tiere mit weißer Rosette heißen Amerikanisch Crested, bei Englisch Crested hat die Rosette die gleiche Farbe wie das übrige Fell.

❷ Coronet

Glattes, langes Fell mit Stirnrosette

❸ Angora

Ein Langhaar-Meerschweinchen mit Wirbeln. Wie beim Rosetten-Meerschweinchen sind acht Wirbel über das Fell verteilt.

Rosetten ❹
Mindestens acht Wirbel sind über
das kurze Fell verteilt. Das Haar ist
3,5 cm lang, fest und harsch. Auch
Abessijn genannt.

Sheltie ❺
Bis zu 45 cm lange, glatte, wirbellose
Haare. Am Kopf sind die Haare kurz
(kein Pony). Auch Peruanisches Seiden-
tier genannt.

Glatthaar ❻
Kurzes, glattes Fell in verschiedenen
Farben, keine Wirbel; es gibt sie ein-
farbig, zweifarbig (Holländer), dreifarbig
und mehrfarbig.

DIE OPTIMALE
Meerschweinchen-WG

WER MIT WEM? Meerschweinchen sind sehr soziale Tiere und fühlen sich nur unter Artgenossen wohl. Jeder verantwortungsbewusste Tierfreund hält mindestens zwei Meerschweinchen! Die Haltung eines einzelnen Tieres ist nicht artgerecht und bedeutet Dauerstress, Einsamkeit und führt zu schweren Verhaltensstörungen. Auch bei liebevoller Pflege kann der Mensch nie einen Meerschwein-Kumpel ersetzen! Auch ein Zwergkaninchen wäre kein geeigneter Partner für ein einzelnes Meerschweinchen (siehe S. 17). Beachtet man einige Voraussetzungen, unter Anderem die Platzfrage (siehe S. 21) und die Eingewöhnung, dann lassen sich zwei oder auch mehrere Tiere in fast jeder beliebigen Geschlechterkombination halten.

Männchen und Weibchen

Männchen und Weibchen vertragen sich am besten. Das Böckchen muss allerdings kastriert sein oder werden. Ab einem Gewicht von 300 g – also mit etwa vier Wochen – können Böckchen bereits geschlechtsreif werden. Kastriert man sie früh, also noch vor der Geschlechtsreife, hat das den Vorteil, dass das Männchen gleich wieder zu dem oder den Weibchen darf, ohne eine Karenzzeit von mindestens fünf Wochen einzuhalten, wie es nach der Kastration eines geschlechtsreifen Böckchens nötig ist. Ein Kastrat und ein, zwei oder mehrere Weibchen sind eine tolle und meist stabile Kombination, bei der man die natürlichen Verhaltensweisen am besten beobachten kann.

Zusammenleben Ein kastriertes Böckchen zusammen mit einem oder mehreren Weibchen ist eine gute Kombination.

Futtern Die Gurke ist groß genug für alle. Ansonsten sorgen mehrere Futterplätze dafür, dass alle in Ruhe fressen können.

Gute Kumpel Zwei Männchen kommen gut miteinander aus, wenn beide kastriert sind und kein Weibchen in der Nähe ist.

Weibchen und Weibchen

In einer Weibchengruppe ist die Rangordnung oft schnell hergestellt, und dem friedlichen Zusammenleben steht fast nichts mehr im Wege. Empfehlenswert ist die Haltung zweier unterschiedlich alter Tiere. In einer Meerschweinchen-Familie werden die Kleinen ab drei bis vier Wochen erzogen. Nimmt man zwei gleich alte, sehr junge Weibchen zu sich, die diese Erziehung noch nicht genossen und somit kein korrektes Sozialverhalten gelernt haben, kann es im Alter von fünf bis sieben Monaten zu heftigen Aus-

einandersetzungen kommen. Ist eines der Tiere älter, kann es das jüngere „nacherziehen". Das gilt übrigens auch für alle anderen Geschlechterkombinationen.

Kommt es über längere Zeit zu heftigen Streitereien, kann es helfen, ein kastriertes Männchen zu der Weibchengruppe dazuzusetzen. In einer Meerschweinchengruppe bildet sich eine Hierarchie aus, wobei die Männchen dominieren. Kleinere Streitereien oder Kabbeleien sind normal, bis die Rangordnung feststeht. Man sollte sie als Besitzer unbedingt zulassen.

Männchen und Männchen

Auch eine Kombination von zwei Böckchen (am besten beide kastriert) kann gut funktionieren. Voraussetzung: Sie sollten unterschiedlich alt sein, damit der Alte den Jungen erziehen kann, und es darf kein Weibchen in der Nähe sein. Sollte es zu Streitereien kommen, darf man die Männchen nicht kurzfristig trennen, denn das erhöht den Stresslevel und führt eher zu härteren Kämpfen. Wenn man die Tiere trennen muss, dann für immer. Im Übrigen sollten Sie es bei den beiden Böckchen belassen, denn bei Männchen kommt es bei drei oder mehreren schneller zu Streit. ■

TIPP: MEERSCHWEINCHEN UND ZWERGKANINCHEN
Lange wurde empfohlen, ein Meerschweinchen zusammen mit einem Zwergkaninchen zu halten. Aus heutiger Sicht raten wir dringend davon ab! Die beiden Arten haben ein ganz unterschiedliches Verhalten und können nicht miteinander kommunizieren. Das Kaninchen ist dem Meerschweinchen körperlich überlegen, deshalb wird das Schweinchen oft attackiert, zieht den Kürzeren und steht unter Dauerstress. Für beide Tierarten ist das keine artgerechte Haltung!

Vergesellschaftung

ZWEI, DIE SICH VERSTEHEN

KENNENLERNEN Wenn Sie sich für zwei Tiere entschieden haben, die nicht schon vorher ein Gehege miteinander teilten, müssen sich die beiden erst einmal vorsichtig kennen lernen. Manchmal kommt es auch vor, dass ein Tier stirbt oder sich zwei überhaupt nicht mehr vertragen und getrennt werden müssen. Damit das zurückgebliebene Tier nicht allein leben muss, sollten Sie ihm einen neuen Partner hinzugesellen.
Auch wenn Meeries Sippentiere sind, ist es leider nicht so, dass sich das zurückgebliebene auf der Stelle über den Neuen freut. Bei Meerschweinchen gibt es Sympathien – man muss sich riechen können. Auf der vorherigen Doppelseite haben Sie schon einiges über die richtige Gruppenzusammensetzung erfahren.

Vorbereitung

Sie brauchen ein neutrales Gebiet, auf dem auch das heimische Tier noch nicht war: Das kann auch im Bad oder im Flur sein. Legen Sie eine neue oder frisch gewaschene Unterlage aus und begrenzen Sie das Areal mit Auslaufgittern. Verteilen Sie mehrere Pappkartons, aus denen Sie zuvor einen großen Ein- und Ausgang geschnitten haben, im Gehege. Zu guter Letzt gibt es noch ein paar Berge Heu und einen Wassernapf.

Ab in den Ring

Nun werden die Meerschweinchen gleichzeitig in das Kennenlern-Gehege gesetzt. Die Schweinchen verhalten sich ganz unterschiedlich. Manche nehmen sich kurz zur Kenntnis und damit ist es schon erledigt. Andere beschnuppern sich ausgiebig, dann wird die Rangordnung festgelegt. Oft beginnt das ranghohe Tier die rangniederen zu besteigen, die Tiere jagen sich, klappern mit den Zähnen und schnappen nacheinander.

Drohende Meerschweinchen richten sich auf, schlagen mit dem Kopf und zeigen dabei auch mal die Zähne.

Keine Angst, das sind natürliche Verhaltensweisen, die für die Festlegung der Rangordnung wichtig sind. Bitte lassen Sie die Tiere machen und gehen Sie nicht dazwischen oder nehmen gar eins aus dem Ring. Meistens ist die Rangordnung nach 20 Minuten geklärt. Wenn Sie unsicher sind, können Sie die Tiere auch ein bis zwei Tage auf neutralem Terrain belassen. Anschließend können die Meerschweinchen in ihr gewohntes Gehege umziehen, das zuvor gründlich gereinigt und mit neuer Streu versehen wurde.

Wann abbrechen?

Sollten sich die Tiere ernsthaft ineinander verbeißen und als Knäuel über den Boden rollen, müssen Sie dazwischengehen. Nehmen Sie eine Zeitung oder dicke Handschuhe, denn sonst werden Sie im Eifer des Gefechts gebissen. Wenn Sie die Vergesellschaftung abbrechen müssen, weil sich die Tiere gar nicht grün sind, dann gilt der Versuch als gescheitert. Eine Wiederholung mit diesen Kontrahenten hat keinen Sinn, Sie sollten versuchen, einen anderen Partner hinzuzugesellen.

Geeignete Partnertiere

Wenn ein Meerschweinchen übrig ist, können Sie sich am besten an Tierschutzorganisationen wie Meerschweinchenhilfe e. V. und andere wenden. Hier gibt es erfahrene Meerschweinchenhalter, die Sie beraten und ein möglicherweise passendes Tier vermitteln können. Falls Sie aus der Meerschweinchenhaltung aussteigen wollen, dann ist es fairer, das letzte Tier in liebevolle Hände abzugeben, als es für den Rest seines Lebens allein zu halten. ■

Beschnuppern Am Anfang wird der Neue ausgiebig beschnuppert und eventuell durchs Gehege gejagt.

Kennenlernen Lassen Sie den Tieren Zeit, sich kennenzulernen und untereinander ihre Rangordnung auszumachen.

Miteinander Ist auf neutralem Terrain Ruhe eingekehrt, können die beiden ins Gehege umziehen. Meist gibt es keinen Streit mehr.

DAS IDEALE
Meerschweinchenheim

EIN SCHÖNES ZUHAUSE Doch bevor Sie die Meerschweinchen zu sich nehmen, sollten Sie das Meerschweinchenheim und die komplette Ausstattung besorgen. Dann haben Sie genügend Zeit, das Gehege einzurichten, und können sich am „Umzugstag" ganz den Tieren widmen.

Standort

Meerschweinchen wollen gern dabei sein. Deshalb sollte das Gehege in einem Raum stehen, in dem sich auch die Menschen aufhalten, beispielsweise in einer ruhigen, hellen Ecke im Wohnzimmer, die nicht direkter Sonneneinstrahlung ausgesetzt ist. Nun gibt es zwei Möglichkeiten:

1. Die Meerschweinchen leben in ihrem Heim und werden für ihren täglichen Freilauf auf den Boden gesetzt. Dann mögen es die Tiere lieber, wenn der Käfig erhöht steht, sozusagen auf Augenhöhe. Als Fluchttiere ist es ihnen unangenehm und bereitet ihnen Angst, wenn sich ständig jemand über sie beugt, und sei es nur zum Füttern.

2. Sie haben genügend Platz und stecken eine eigene Zimmerecke für die Meerschweinchen ab. Dann sollte der Käfig auf dem Boden stehen, damit die Meerschweinchen nach Belieben in den Käfig oder Auslauf können, so wie es ihnen gefällt.

Abwechslungsreich gestaltetes, geräumiges Gehege mit vielen Unterschlüpfen und Zweigen zum Knabbern.

Marke Eigenbau Schönes Meerschweinchenheim auf Rollen mit Fenstern, damit die Tiere Blick ins Zimmer haben.

Zimmerecke In die Ecke eingepasstes Gehege mit zweiter Ebene. Häuschen und Röhren laden zum Erkunden ein.

Auf die Größe kommt es an

Meerschweinchenheime gibt es viele. Von fertigen Käfigen im Zoofachhandel bis hin zur selbstgebauten mehretagigen Villa mit allen Zwischenstufen. Ob Sie ein Heim kaufen oder mit handwerklichem Geschick bauen wollen, bleibt Ihnen und Ihrem Platzangebot überlassen. Je abwechslungsreicher und vielfältiger das Zuhause ist, umso besser für die Tiere.

Entscheiden Sie sich für einen üblichen Käfig aus dem Zoofachhandel, sollte er für zwei Tiere mindestens 120 cm lang, 80 cm breit und 45 cm hoch sein, der Eingang vorne liegen und die Gitter querverstrebt aus Metall und ohne Plastikummantelung sein. Bei dieser Größe benötigen die Meerschweinchen täglich einen mehrstündigen Auslauf, um sich nach Herzenslust die Füße vertreten zu können (siehe S. 26).

Maisonettewohnungen

Inzwischen gibt es viele Anregungen, wie man zwei oder drei kleinere Käfige miteinander verbindet, verschiedene Etagen und Rampen einrichtet, um den Tieren möglichst viel Fläche und Abwechslung auf kleinem Raum zu bieten. Im Internet gibt es Web-Sites, die viele Bauideen anbieten, von ganz einfachen Umsetzungsmöglichkeiten bis hin zu hochkomplexen Eigenbauten. Schauen Sie sich um und lassen Sie sich inspirieren. Es gibt tolle Vivarien, die man dem eigenen Platzangebot anpassen kann, von „ebenerdig" bis hin zu mehrstöckigen Regalbauten. Auch wenn es anfangs mehr Aufwand ist, sieht es oft schöner aus und die Tiere haben mehr Platz und Abwechslung. Wichtig ist, dass sich die Meerschweinchenheime leicht reinigen lassen und keine Verletzungsgefahren bergen.

Die Einstreu

Die Einstreu sollte staubfrei, trocken und saugfähig sein. Die handelsübliche Kleintierstreu, bestehend aus Weichholzspänen, eignet sich sehr gut. Füllen Sie eine Schicht von 10–15 cm in den Käfig. Andere Materialien wie Sägespäne vom Schreiner, Torfmull oder Katzenstreu sollten Sie nicht verwenden. Die Sägespäne sind oft von Schimmelpilzen durchsetzt und daher gesundheitsschädlich, und Katzenstreu verursacht Klumpungen im Magen, die tödlich enden. ■

VON HÄUSCHEN,
Napf und Co.

SCHLAFHÄUSCHEN Meerschweinchen sind Höhlenbewohner und brauchen daher Rückzugsmöglichkeiten. Hierfür bieten sich Häuschen aus Holz an, die unten offen sind und idealerweise über einen Ein- und einen Ausgang verfügen. Dann kann sich das unterlegene Tier durch die Hintertür verdrücken, sollte es zu Streitereien kommen. Flachdächer haben sich zum Auf-das-Häuschen-Klettern bewährt, denn hier kann man gut Ausschau halten. Auch Korkröhren, Weidenholzbrücken oder Abflussrohre bieten willkommene Versteckmöglichkeiten. Pro Tier sollte mindestens ein Unterschlupf zur Verfügung stehen, damit die Tiere ausweichen können.

Futternapf und Heuraufe

Kaufen Sie für Ihre Meerschweinchen einen größeren Futternapf für Frischfutter. Der Napf sollte gut stehen und schwer genug sein, damit die Tiere ihn nicht umwerfen. Er sollte so groß sein, dass zwei Meerschweinchen gleichzeitig daraus fressen können. Wählen Sie Näpfe ohne Rillen oder Verzierungen, damit sie sich gut reinigen lassen.

Heu brauchen Meerschweinchen rund um die Uhr. Sie können es entweder in eine Raufe füllen, damit es sauber bleibt, oder in einem Haufen auf den Boden legen. Bei den Raufen gibt es

Häuschen Jedes Meerschweinchen braucht ein eigenes Dach über dem Kopf, damit es sich zurückziehen kann.

Heuhaufen Herrlich, sich so im Heu einzugraben! Bieten Sie Heu nicht nur in der Raufe an, sondern auch als großen Haufen.

Knabberspaß Frische Zweige zum Knabbern sind gesund, bieten Beschäftigung und nutzen die Schneidezähne ab.

Höhere Ebene Rampen aus Holz werden gern erklettert – noch dazu, wenn ein Leckerbissen lockt.

verschiedene Ausführungen, die am Gitter eingehängt werden oder frei stehen (praktisch für den Freilauf). Sinnvoll sind abdeckbare Modelle, damit die Schweinchen nicht hineinklettern. Heuhaufen werden gern genommen, allerdings nicht nur zum Knabbern, sondern auch als Versteck und leider auch als Klo. Deshalb muss das Heu regelmäßig erneuert werden. Allerdings mögen es die Meeries lieber, wenn sie im Heu sitzen und naschen können.

Trinkflasche oder Napf

Dass sauberes Wasser rund um die Uhr zur Verfügung steht, versteht sich von selbst. Sie können es in einem Wassernapf oder einer Trinkflasche anbieten. Die Flasche hat den Vorteil, dass das Wasser nicht so leicht durch Streu, Heu oder Ähnliches verschmutzt wird. Allerdings können sich Keime und Algenablagerungen bilden, wenn sie nicht täglich gründlich gereinigt wird. Zudem gibt es Tiere, die ständig „an der Flasche hängen" und dennoch keinen Tropfen herausbekommen. Ein Wassernapf entspricht eher der natürlichen Kopfhaltung der Meerschweinchen beim Trinken. Damit er nicht ganz so schnell mit Streu verschmutzt, können Sie ihn auf einen Ziegelstein

oder, wenn vorhanden, auf die zweite Ebene des Heims stellen. Der Wassernapf sollte ebenfalls standfest und gut zu reinigen sein. Napf oder Flasche? Wir raten eher zum Napf, die meisten Meerschweinchen bevorzugen ihn.

Weiteres Zubehör

Neben der Grundausstattung gibt es noch eine Vielzahl „Meerschweinchen-Mobiliar", mit dem man das Heim aufpeppen kann: Weidenbrücken, Korkröhren, Unterschlüpfe, Rampen, Hängematten, Grastunnel etc. Wenn Sie das Gehege ausstatten, sollten Sie sich eine Struktur ausdenken und Bereiche zum Verstecken schaffen, aber auch Freiflächen, wo die Tiere laufen können. Bieten Sie Wege zwischen Futter- und Wassernapf, evtl. Äste und Zweige, die man umrunden muss, und eine Rampe in höhere Gefilde. Wechseln Sie ruhig hin und wieder ein Teil gegen ein Neues aus. ■

HÄUSCHEN BAUEN Im Film wird gezeigt, wie man ein Häuschen basteln kann. Unter www.m.kosmos.de/13254/v2 gelangen Sie auch zum Film.

SO WERDEN MEERSCHWEINCHEN
zutraulich

ZEIT LASSEN Das Gehege ist eingerichtet, das Zubehör eingekauft und nun kommt der große Tag, an dem die Meerschweinchenbande abgeholt wird. Auch wenn alle schon ganz aufgeregt sind, ist Ruhe angesagt, bis die Tiere ihre Scheu verlieren und ihre Umgebung langsam erkunden.

1. In Ruhe lassen

Auch wenn es schwerfällt: Lassen Sie die Meerschweinchen erst einmal ganz in Ruhe! Stellen Sie den geöffneten Transportbehälter in das fertig eingerichtete Heim und warten Sie ab. Früher oder später kommen die Meerschweinchen von selbst heraus. Lassen Sie ihnen Zeit, ihr neues Zuhause zu erkunden. Anfangs werden die Tiere sicher recht schreckhaft sein.

2. Beobachten

Solange die Meerschweinchen noch bei jedem Geräusch in ihrem Schlafhäuschen verschwinden, beobachten Sie die Tiere aus sicherer Entfernung. Da Meerschweinchen neugierig sind, fangen sie sicher bald an, alles genau zu erkunden. Dabei lernen sie auch die alltäglichen Umgebungsgeräusche Ihres Haushalts kennen und werden bald nicht mehr beim kleinsten „Mucks" in ihr Versteck rennen.

Locken Wenn die Meerschweinchen sich in ihrem Gehege eingewöhnt haben, locken Sie sie mit einem Leckerbissen.

Unwiderstehlich Petersilie kann kaum ein Meerschweinchen widerstehen. Vorsichtig kommt es näher und macht sich lang.

Happen angenommen Es frisst aus der Hand. Bald können Sie das Meerschweinchen ganz behutsam anfassen und streicheln.

3. Kontakt aufnehmen

Haben sich die Meerschweinchen an die neue Umgebung gewöhnt, wird es Zeit, dass sie auch die Menschen besser kennen lernen. Nähern Sie sich in den nächsten Tagen vorsichtig an, am besten auf Augenhöhe, und sprechen Sie leise mit den Tieren. Warten Sie geduldig ab und bewegen Sie sich ohne abrupte Bewegungen. Je nach Temperament werden die neugierigen, mutigen Schweinchen bald ans Gitter kommen und nachsehen, wer sie besucht. Bei den schüchternen kann es länger dauern, bis sie sich trauen. Lassen Sie ihnen Zeit.

4. Bestechung willkommen

Liebe geht durch den Magen, das gilt auch für Meerschweinchen! Sie lassen sich meistens mit einem leckeren Happen bestechen. Halten Sie ihnen ein Stück Gurke hin und warten Sie ruhig und bewegungslos ab. Nicht verzweifeln, wenn es nicht auf Anhieb klappt: Probieren Sie in den nächsten Tagen weiter.
Über kurz oder lang wird der Mutigste oder Verfressenste sich die Gurke schnappen und sie in Sicherheit bringen. Anfangs noch vorsichtig, werden sie sich sicher bald ohne Scheu an der Leckerei bedienen.

5. Streicheln erlaubt

Kommen die Meerschweinchen in der Hoffnung auf Gurke oder Petersilie, können Sie mehrere kleine Stückchen auf Ihrer Hand verteilen. Während sie die Häppchen fressen, können Sie mit einem Finger die Meerschweinchen vorsichtig streicheln. Lassen Sie es sich gefallen? Klappt das, sprechen Sie beruhigend mit ihnen und streicheln vorsichtig über das Fell.

6. Auf den Arm nehmen

Sobald sich die Meerschweinchen auch ohne Bestechung gern streicheln lassen, können Sie versuchen, sie vorsichtig und mit langsamen Bewegungen auf den Arm zu nehmen.

Zutraulich oder scheu

Ob ein Meerschweinchen zutraulich oder scheu ist, ist Charaktersache. Manche sind neugierig, draufgängerisch und mögen es, wenn sie am Kopf oder am Körper gestreichelt werden, andere lassen sich nicht gern anfassen, wieder andere bleiben scheu. Akzeptieren Sie diese Bedürfnisse und gehen Sie darauf ein. Auch die Zutraulichen sollten in Ruhe gelassen werden, wenn sie gerade schlafen, fressen oder sich putzen. ■

Im Gänsemarsch Gemeinsam genießen die Meerschweinchen den täglichen Freilauf in der Wohnung und erkunden alles neugierig.

FREILAUF IN DER *Wohnung*

BEWEGUNG Wilde Meerschweinchen sind einen Großteil des Tages unterwegs, um Futter zu suchen. Den Bewegungsdrang haben unsere Hausmeerschweinchen in den Genen und brauchen Gelegenheit, um ihn auszuleben. Außerdem wollen sie ihre Neugierde befriedigen, denn sonst verkümmern ihre Sinne.

Meerschweinchenecke

Wie schon auf Seite 20 angedeutet, kann man den Meerschweinchen eine eigene Zimmerecke abteilen (2–4 m²), in der auch ihr Gehege steht. Durch eine kleine Rampe können die Meerschweinchen rein und raus, wann immer sie mögen. Grenzen Sie die Fläche durch Holzbretter ab, alternativ kann man auch Gitterelemente aus dem Zoofachhandel verwenden, die sich zusammenstecken lassen. Der Untergrund sollte leicht zu reinigen sein, denn leider haben es Meerschweinchen nicht ganz so mit der Stubenreinheit. Manche nutzen zwar eine Kloecke, andere lassen alles fallen, wo sie gehen und stehen. Legen Sie den Boden mit einer dicken Folie aus, darüber kommen mehrere Schichten Zeitung, die die Feuchtigkeit aufsaugen, anschließend folgen Reisstrohmatten oder Flickenteppiche. Die Matten werden regelmäßig ausgewechselt, die Flickenteppiche landen in der Waschmaschine und der Rest wird entsorgt und durch Neues ersetzt.

Pfade und Verstecke

Meerschweinchen mögen keine großen Freiflächen, denn hier wären sie ungeschützt. Stellen
Sie Häuschen, Korkröhren, Weidenholzbrücken
und Stofftunnel zur Verfügung, damit die
Schweinchen von Versteck zu Versteck wetzen
können. Auch Heuhaufen, Äste und Baumschei-
ben strukturieren den Auslauf und werden gern
erkundet. Ab und zu kann man die Einrichtung
ändern, um für Abwechslung zu sorgen.

Geteilte Fläche

Wenn Ihre Wohnung zu klein ist, um einen dau
erhaften Freilauf einzurichten, sollten Sie den
Platz stundenweise mit den Schweinchen teilen.
Die Gitterelemente eignen sich auch hier, da sie
sich zusammenklappen und ins Eck stellen lassen,
wenn sie nicht gebraucht werden. Zudem schützen sie die Meerschweinchen vor Kabeln, giftigen

Fest gehalten Eine Hand stützt den Po, während die zweite
locker auf dem Tier liegt. Das Meeri sitzt auf dem Arm.

Check

Zimmerpflanzen, zuklappenden Türen, Schrank-
ritzen, Putzmitteln und anderen Gefahrenquellen.
Natürlich gibt es auch Häuschen und Versteckmöglichkeiten in dem temporären Auslauf.
Meerschweinchen mögen es zwar lieber, wenn sie
selbst rein und raus können und werden nicht so
gern hochgehoben, getragen und abgesetzt, doch
im Lauf der Zeit gewöhnen sie sich daran, und
diese kleine Unannehmlichkeit ist allemal besser
als permanenter Stubenarrest.

Richtig hochheben

Sprechen Sie leise mit dem Tier. Dann greifen Sie
von der Seite her mit einer Hand unter die Brust.
Die Brust wird dabei nur leicht mit der Hand
umschlossen, ohne zuzudrücken. Heben Sie das
Meerschweinchen leicht an und schieben Sie
die andere Hand unter sein Hinterteil. Nun sitzt
es wie in einer Schale, und Sie können es hochheben. Das Meerschweinchen kann sich bequem
auf Ihrem Unterarm abstützen. ■

HOCHHEBEN Im Film wird noch einmal gezeigt,
wie man Meerschweinchen am besten hochhebt.
Unter www.m.kosmos.de/13254/v3 gelangen Sie
auch zum Film.

FREILAUF IM
Garten

FRÜHLING Die Sonne scheint und es zieht jeden nach draußen, auch die Meerschweinchen. Gönnen Sie Ihren Tieren – wenn möglich – dieses Vergnügen, das sie sicher mit allen Sinnen genießen werden. Wenn der Boden trocken und es mindestens 18 °C warm ist, geht's nach draußen!

Im Gartenparadies

Im Zoofachhandel gibt es Gitterelemente, die sich zusammenstecken und beliebig erweitern lassen. Sie eignen sich hervorragend als mobiles Gehege, mit denen man im Garten ein Fleckchen Gras

Freilauf im Garten Unterstände bieten den Tieren Deckung und Schatten. Sichern Sie den Auslauf gegen Raubvögel und Katzen ab.

Meine Höhle Neues im Gehege wird ausgiebig erkundet.

Grünzeug Kräuter bieten eine willkommene Abwechslung.

abstecken kann. Der Auslauf wird mit Unterschlupfen, Heu und frischem Wasser versehen und anschließend mit einem Netz überspannt. Das Netz ist dazu da, um die Meerschweinchen vorübergehend vor Katzen, Raubvögeln und Mardern zu schützen. Für ein paar Stunden am Tag eignet sich der Auslauf gut, für längere Zeit ohne Aufsicht ist er nicht solide genug. Bleiben Sie in der Nähe und werfen Sie einen Blick auf Ihre Schweinchen, damit ihnen nichts passiert. Alternativ eignet sich ein ein- und ausbruchssicheres Gehege aus Holz und verzinktem Draht, das sich relativ leicht bauen lässt.

Der Freilauf im Garten wird für Ihre Meerschweinchen zum Genuss für alle Sinne: Sie atmen frische Luft, riechen ganz neue Düfte und können von frischem Gras und verschiedenen Kräutern naschen. Damit das Vergnügen keine Bauchschmerzen bereitet, sollten Sie Ihre Tiere schon vorher an frisches Gras gewöhnen. Füttern Sie die Meerschweinchen zwei bis drei Wochen zuvor täglich mit langsam steigenden Grasmengen.

TIPP: SCHATTEN SPENDEN
Meeries sind relativ anfällig, was Hitze anbelangt. Entweder bauen Sie das Gehege gleich unter einem Baum auf oder Sie sorgen durch Zweige, ein Sonnensegel oder einen Schirm für Schatten. Im Hochsommer freuen sich die Schweinchen über Auslauf in den frühen Morgenstunden.

AUSSENHALTUNG Im Film wird gezeigt, wie man Meerschweinchen draußen halten kann. Unter www.m.kosmos.de/13254/v4 gelangen Sie auch zum Film.

Außenhaltung

Prinzipiell kann man Meerschweinchen auch das ganze Jahr über im Freien halten. Allerdings braucht man dafür eine ein- und ausbruchssichere Anlage, die zumindest teilweise überdacht ist, und winterfeste Schutzhütten aufweist. Man muss sich über den Standort Gedanken machen, über den Untergrund des Geheges und einiges mehr. Wenn Sie in Erwägung ziehen, ein ganzjähriges Außengehege zu bauen, finden Sie passende Literatur im Anhang.

Auch eine Balkonhaltung ist möglich. Balkone, die nach Süden zeigen und sich stark aufheizen, sind leider nicht geeignet, auch zugige Ecken sind nichts für Meerschweinchen. Kommt die Lage des Balkons infrage, sollten Sie die Brüstung sichern. Verschließen Sie Lücken zwischen Balkon und Geländer, indem Sie eine Reihe Backsteine davorlegen oder diese mit Brettern oder Gittern sichern. Je nachdem, wie offen der Balkon nach oben ist, brauchen Sie evtl. noch eine Absicherung vor Raubvögeln. Legen Sie den Boden mit Strohmatten oder Ähnlichem aus. ■

Meerschweinchen optimal
VERSORGEN

MEIN PFLEGEPLAN

S. 36

Wasser und Heu

Heu gibt es immer und wird drei mal am Tag frisch gereicht. Es ist grün, artenreich und duftet würzig. Meerschweinchen brauchen es zum Zahnabrieb und für die Verdauung, Heu ist ihr Grundnahrungsmittel. Dazu gibt es immer frisches Wasser.

S. 34

40 KLEINE MAHL- ZEITEN FRESSEN DIE SCHWEINCHEN ÜBER DEN TAG VERTEILT

S. 38

Meeschweinchen-Futter

Heu ist das Grund-
nahrungsmittel, das
immer zur Verfügung
steht. Dazu gibt es
frische Zweige,
Gurke, Karotte, Fenchel,
Paprika, Endivie, Apfel und
frische Kräuter wie Löwenzahn oder Basilikum.

S. 46

Ein paar Handgriffe

Täglich Futterreste nach einem halben Tag
entfernen, Wasser- und Futternapf mit heißem
Wasser gründlich reinigen und neu befüllen.
Meeris einige Stunden Freilauf gewähren.

Wöchentlich Käfig reinigen: Dazu wird die
Streu ausgeleert, die Bodenwanne mit heißem
Wasser geschrubbt und frisch eingestreut.
Häuschen und Zubehör werden kontrolliert,
gereinigt und im Zweifel ausgetauscht. Es gibt
frische Zweige zum Nagen.

S. 48

Checkliste

Gesundheitscheck für jeden Tag

- ❏ Fell dicht, glatt und glänzend
- ❏ Augen glänzend und ohne Verklebungen
- ❏ Meerschweinchen sind neugierig und
  munter bei gesundem Appetit
- ❏ Schneidezähne stehen gerade aufeinander
- ❏ Augen und Ohren sauber
- ❏ Pfoten unverletzt, Krallen nicht zu lang
- ❏ Gute Verdauung, sauberer Po

S. 50

Doch mal krank?

Meerschweinchen frisst nicht? Ist schlapp und
lustlos? Böckchen soll kastriert werden? Dann
sollte man zum Tierarzt gehen, am besten zu
einem, der sich auf Kleintiere spezialisiert hat.

Frische Haselnuss Nagen und Kauen sorgt dafür, dass die ständig nachwachsenden Zähne abgenutzt werden. Zweige sind dafür ideal.

MEERSCHWEINCHEN
GESUND
ernähren

VIEL ABWECHSLUNG Wildmeerschweinchen können sich an einem reich gedeckten Tisch bedienen: Sie lieben jede Form von frischem Grün, aber auch Raues wie vertrocknete Gräser oder Blätter, Knospen, Rinden und Zweige, Früchte und Samen. Instinktiv bedienen sie sich auch aus der „Naturapotheke" und fressen Kräuter, die die natürlichen Abwehrkräfte stärken und das Wohlbefinden fördern. Diese Vorlieben haben auch unsere Hausmeerschweinchen. Meerschweinchen sind übrigens Veganer, sie fressen nur pflanzliche Kost.

Für Nachschub sorgen

Um gesund und fit zu bleiben, müssen Meerschweinchen beliebig oft fressen können. Über den Tag hinweg nehmen sie ca. 30 bis 40 kleine Mahlzeiten zu sich. Warum? Meerschweinchen besitzen einen sogenannten Stopfdarm, in dem der Nahrungsbrei nicht wie beim Menschen durch Darmbewegungen vorwärts bewegt wird. Ihr Verdauungssystem braucht einen steten Futternachschub, damit der Darminhalt weitergeschoben wird. Deshalb sollte Meerschweinchen rund um die Uhr Futter – am besten in Form von frischem Heu – zur Verfügung stehen, an dem sie knabbern können.

Wenn die Meerschweinchen zu hungrig werden, fressen sie hastig und zu viel auf einmal. Die Folge: Der Darminhalt bewegt sich kaum weiter, er gärt, fault, entwickelt Gase und es kommt zu schweren, schmerzhaften Verdauungsstörungen.

Doppelte Verdauung

Vielleicht haben Sie schon beobachtet, dass Ihre Meerschweinchen ihren eigenen Kot fressen. Das ist nicht eklig, sondern lebensnotwendig. Sie fressen nicht die normalen „Böhnchen", sondern den sogenannten Blinddarmkot. Er entsteht durch bakterielle Gärungsvorgänge im Blinddarm und enthält wertvolle Vitamin-B-Komplexe, Vitamin K, Nährstoffe und Bakterien, die erst im zweiten Verdauungsgang vollständig aufgeschlüsselt werden. Nur durch das Kotfressen sind Meerschweinchen in der Lage, der schwer verdaulichen pflanzlichen Kost genügend Nährstoffe zu entziehen. Bei der zweiten Darmpassage wird der bereits aufgeschlossene Nahrungsbrei optimal ausgenutzt, dem Körper werden Eiweiß und Vitamine zugeführt.

Fressen ist auch Zahnpflege

Wie bei allen Nagetieren wachsen die Zähne der Meerschweinchen zeitlebens nach, die Backenzähne sogar 1,5 mm in einer Woche. Durch Kauen und Nagen fester, faserreicher Nahrung werden die Zähne auf ein normales Maß abgenutzt. Je länger die Meerschweinchen mit dem Abbeißen, Kauen und Zermahlen der Nahrung beschäftigt sind, umso besser. Deshalb sind Zweige sowie das Hauptnahrungsmittel Heu auch so wichtig. ∎

DUFTENDES HEU
UND
frisches Wasser

HEU – DAS TÄGLICHE BROT Heu ist das wichtigste Nahrungsmittel. Es enthält Ballaststoffe (Rohfasern), Mineralien und Spurenelemente, beim Kauen nutzen sich die Zähne ab und es darf in beliebigen Mengen gefressen werden, ohne dick zu machen oder Blähungen zu verursachen. Die Qualität des Heus richtet sich danach, wie viele Arten von Wiesenkräutern enthalten sind, welchen Mineralstoffgehalt der Boden hatte, wann es gemäht, wie es getrocknet und verpackt wurde. Gutes Heu enthält sichtbare Kräuter, viele Gräser mit Blättern, Blüten und Fruchtständen. Die Stängel sind 20 bis 35 cm lang. Es ist grün und duftet aromatisch, stammt von biozidfreien Wiesen und ist trocken, frei von Staub oder Schimmel.

Nagen und verstecken Heu ist das Grundnahrungsmittel für Meerschweinchen und sollte immer zur freien Verfügung stehen.

Abwechslung Obstbaumzweige, die nicht gespritzt sind, oder Haselnuss, Buche, Pappel, Linde oder Erle werden gern benagt.

Großer Durst Wasser wird täglich frisch angeboten, am besten in einem standfesten Keramiknapf, der gut zu reinigen ist.

Heu erhalten Sie im Zoofachhandel in unterschiedlichen Verpackungsgrößen und Ernten, wie zum Beispiel Bergwiesenheu. Aber auch im Internet gibt es einige Bezugsquellen, die sich auf Nagernahrung inklusive Heu spezialisiert haben. Auch beim Bauern in der Nähe können Sie einen Ballen gutes Pferdeheu kaufen.

Wasser, das Lebenselixier

Sauberes Wasser gehört in jedes Gehege und muss den Meerschweinchen auch beim Freilauf zur Verfügung stehen. Der Wassernapf wird täglich gereinigt und neu gefüllt.

Trockenfutter

Wenn Sie Ihre Meerschweinchen ausgewogen und abwechslungsreich ernähren, können Sie eigentlich auf Trockenfutter verzichten, denn in Heu und Grünfutter ist alles enthalten, was Ihre Meerschweinchen brauchen. Wenn Sie dennoch ein wenig Trockenfutter anbieten möchten, sind Futtermischungen sinnvoll, die nur aus pflanzlichen Pellets und getrocknetem Gemüse bestehen. Die Pellets enthalten z. B. Klee, Luzerne, Huflattich, Wegerich und Brennnessel. Sie sättigen langsam und können in kleinen Mengen gegeben werden, ohne dick zu machen. Getrocknete

Stückchen von Karotte oder Roter Bete runden die Mischung ab.

Getreide und zuckerhaltige Bestandteile sind nicht geeignet, weil sie viel zu schnell satt machen. Achten Sie beim Kauf auf die Inhaltsstoffe, denn in den Regalen stehen viele Angebote, die leider nicht immer zum Besten der Tiere sind.

Frische Zweige

Frische Zweige und junge Triebe sind bei Meerschweinchen äußerst beliebt. Außerdem enthalten Rinde, Knospen und junges Holz Ballaststoffe, Gerbstoffe und Öle, beim Abnagen und Kauen nutzen sich die Zähne ab und die Meerschweinchen sind beschäftigt. Zweige bieten auch schöne Versteckmöglichkeiten und im Sommer kann man im Außenauslauf schattige Ecken daraus basteln. Geeignet sind ungespritzte Zweige von Apfel-, Kirsch- und Birnbaum, Haselnuss, Buchen, Pappeln, Linden, Erlen und Weiden (wenig) – aber auch Fichte. ■

> **TIPP: FRESSEN ALS BESCHÄFTIGUNG**
> Natürlich stillt Fressen auch das Beschäftigungsbedürfnis der Meerschweinchen. Damit sie davon nicht dick und rund werden, muss es das richtige Futter sein: sehr viel Heu, außerdem Gemüse und Obst und nur ganz selten Leckerlis.

VITAMINREICHES
Grünzeug

KRÄUTER UND GEMÜSE Frisches Grün gehört auf den täglichen Speiseplan. Es liefert zahlreiche Vitamine und Mineralstoffe und ist wichtig für das Wohlbefinden Ihrer Meerschweinchen. Allerdings sollte der Tag mit Heu beginnen, das Frischfutter wird erst gegen Mittag serviert. Denn wenn sich die Schweinchen morgens den Bauch mit großen Mengen Saftfutter vollschlagen, kann es schnell zu Bauchweh kommen. Meerschweinchen haben ganz individuelle Vorlieben, was bestimmte Futterarten anbelangt; viele rühren nicht an, was sie noch nicht kennen. Probieren Sie aus, was Ihre Tiere mögen.

Aromatische Kräuter

Gräser und Kräuter enthalten besonders viele Vitamine und Mineralstoffe und wirken gesundheitsfördernd. Der Grünfutteranteil der Nahrung kann ca. 50 bis 70 g pro Kilogramm Körpergewicht pro Tag betragen. Der Kleeanteil sollte jedoch nicht mehr als 10 % der Gesamtmenge ausmachen. Verfüttern Sie das Grünfutter möglichst sofort, solange es noch frisch ist. Jetzt schmeckt es auch am besten. Entfernen Sie nicht gefressene Reste nach einem halben Tag, bevor sie welken oder gären.

Leibgericht Gurke ist saftig und lecker und liefert viel Flüssigkeit; trotzdem wird immer auch Trinkwasser angeboten.

Vitamine Grünzeug enthält viel Vitamin C, das Meerschweinchen, brauchen, weil sie es nicht selbst bilden können.

Auf Futtersuche Verstecken Sie das Grünzeug auch mal im Gehege und lassen Sie die Tiere suchen.

Alles meins! Näpfe sollten standfest und so groß sein, dass auch zwei Meerschweinchen sich gleichzeitig bedienen können.

Knackig frisch

Diese Gemüsesorten mögen die meisten Meerschweinchen ganz besonders: Endivien, Feldsalat, Fenchel, Gurke mit Schale, Karotte, Paprika, Petersilienwurzel, Rote Bete (nicht erschrecken: Rote Bete kann den Urin übrigens rötlich färben), Sellerie, Tomate. Küchenkräuter wie Basilikum, Petersilie, Liebstöckl, Dill und Borretsch werden gern gefressen.

In kleinen Mengen können Sie auch Topinambur, Brokkoli, Chinakohl und Chicoree verfüttern, allerdings kann kohlartiges Gemüse stark blähen und Bauchweh verursachen. Daher sollte man nur wenig verfüttern.

TIPP: FUTTERUMSTELLUNG
Nehmen Sie jede Futterumstellung langsam vor. Bieten Sie von neuen Futterarten zuerst wenige Blättchen oder Stückchen an und steigern Sie die Menge langsam. Besonders bei frischem Gras muss man vorsichtig sein: Es ist sehr eiweiß- und wasserreich und kann ohne Gewöhnung und gleichzeitige Heugabe schnell Verdauungsstörungen verursachen.

Grünes selbst gezogen

Etwas ganz Besonderes für Ihre Meerschweinchen ist selbst gezogenes Grün von der Fensterbank, das man gerade im Winter anbauen kann, wenn draußen nichts wächst. Samentütchen mit Löwenzahn, Vogelmiere, wilder Möhre und allerhand anderen Mischungen für Nager gibt es im Zoofachhandel zu kaufen. Einfach in feuchte Erde einsäen, die Saattöpfchen an einen warmen, hellen Ort stellen und feucht halten. Schon nach etwa drei Wochen können Sie die Meerschweinchen mit dem frischen Grün verwöhnen. Wenn es schneller gehen soll, können Sie Ihren Meerschweinchen ein Töpfchen Katzengras oder Golliwoog aus dem Zoofachhandel mitbringen.

Leckeres Gemüse

Meerschweinchen lieben knackig frisches Gemüse. Waschen Sie es, bevor Sie es den Schweinchen geben. Außerdem sollte es zimmerwarm sein und nicht direkt aus dem Kühlschrank kommen. Verstecken Sie die Gemüsestückchen ruhig im Heu, legen Sie sie auf das Dach des Häuschens oder denken Sie sich andere Verstecke aus. Dadurch bewegen sich die Meerschweinchen und haben auch etwas Anregung im Alltag. Die Reste sollten nach einem halben Tag entfernt werden.

Wildpflanzen
SELBST SAMMELN

Leckerer Happen Rotklee können Sie im Garten oder auf ungespritzten Wiesen sammeln. Füttern Sie nur wenig, denn Klee bläht.

Mhmmm! Begeistert wird die Petersilie weggemümmelt. Eine Mischung aus vielen verschiedenen Kräutern ist sehr gesund.

Basilikum Kräutertöpfchen sind eine willkommene Alternative, wenn man keine Zeit oder Gelegenheit zum Sammeln hat.

Gesunde Kräuter

Geeignete Wildkräuter für Meerschweinchen wachsen nahezu überall. Die in der Tabelle genannten Pflanzenarten haben einen hohen Nährwert, enthalten viele Vitamine und Mineralstoffe und sind dadurch für Meerschweinchen besonders gesund. Kleearten (Luzerne, Rotklee, Weißklee) sollten nicht mehr als 10 % der gesammelten Menge ausmachen, da sie stark blähen. Junge Brennnesseln sind wertvolle Futterpflanzen. Am besten pflücken Sie die Triebspitzen mit Handschuhen und lassen sie vor dem Verfüttern anwelken, um die Nesselwirkung zu mindern.

WILDPFLANZEN FÜR MEERSCHWEINCHEN

- Brennnessel
- Brombeerblätter
- Gänseblümchen
- Gräser
- Himbeerblätter
- Huflattich
- Kamille
- Löwenzahn
- Melde
- Salbei
- Sauerampfer
- Schafgarbe
- Vogelmiere
- Wegerich

KRÄUTER SAMMELN Hier finden Sie genaue Beschreibungen von Wildkräutern. Unter www.m.kosmos.de/13254/tb6 erhalten Sie diese Informationen auch.

Sammeltipps

Pflücken Sie die Kräuter von unbewirtschafteten Wiesen, die sich durch einen artenreichen Bestand auszeichnen, auf Grünflächen und in Gärten, die nicht gespritzt werden. Pflanzen an Straßen- und Wegrändern, an Bahndämmen, auf „Hunde- wiesen" oder an den Rändern gespritzter und gedüngter Felder sollten Sie dagegen lieber stehen lassen.

Wenn Sie sich nicht sicher sind, um welche Pflanze es sich handelt, sollten Sie kein Risiko eingehen. Mit Hilfe eines Bestimmungsbuches (siehe Seite 78) lernen Sie die häufigsten Futterpflanzen schnell kennen.

Pflücken Sie saubere, trockene Pflanzen und nur so viel, wie Ihre Meerschweinchen an einem Tag fressen können. Die Kräuter werden luftig und kühl transportiert und möglichst bald verfüttert.

Kräuter aus dem Garten

Sie haben keine Wiese in Ihrer Nähe oder trauen sich nicht so recht, weil Sie sich nicht so gut mit Pflanzen auskennen? Das ist nicht so schlimm. Ihre Meerschweinchen freuen sich auch über Kräuter aus dem Garten, vom Balkon oder aus dem Supermarkt. Dazu gehören Basilikum, Petersilie, Melisse, Salbei, Brunnenkresse, Dill, Pfefferminze und Ringelblumenblüten. ■

Fruchtcocktail FÜR FITTE SCHWEINCHEN

FRISCHES OBST Und noch ein Bestandteil gehört zum Meerschweinchen-Menü: Obst! Es sorgt für Abwechslung und liefert wertvolle Vitamine, vor allem das lebensnotwendige Vitamin C.

Obst wird in kleinen Mengen verfüttert, jeden zweiten Tag ein Apfelschnitz, an den anderen Tagen mal eine Beere, eine Weintraube oder ein anderes Stückchen Obst.

Süßigkeiten Fruchtspieße sind lecker! So viel Banane sollte jedoch die Ausnahme bleiben, weil sie viel Zucker enthält.

Erdbeerzeit Vitamin C bekommen die Meeris aus dem abwechslungsreichen Angebot an Obst, Gemüse und Kräutern.

Obst macht fit Besonders wenn es so angeboten wird, dass die Tiere sich bewegen müssen, um es zu erreichen.

Vitamin-C-Bomben

Weil Meerschweinchen Vitamin C nicht selbst bilden können, müssen sie es über das tägliche Futter aufnehmen. Besonders Vitamin-C-reich sind Schwarze Johannisbeeren, Petersilie, grüne Paprika, Kiwi, Brokkoli, Erdbeeren und Apfelsinen. Werden Meerschweinchen ausgewogen und abwechslungsreich ernährt und bekommen viel Grünes, Obst und Gemüse, benötigen sie auch keine zusätzlichen Vitaminpräparate. Im Gegenteil: Ein Zuviel an Vitamin C kann schädlich sein.

Die Obst-Hitliste

Es gibt kaum eine Obstsorte, die Meerschweinchen nicht mögen. Auf der Hitliste der Lieblingsobstsorten stehen Apfel (¼ ohne Kerne), Birne, Melone, Weintraube (ohne Kerne), wenig Kiwi, Erdbeere, Orange und Mandarine. Banane sollte nur in kleinen Mengen und eher selten gefüttert werden, denn sie enthält viel Zucker. Wie auch für Gemüse gilt: vorher gründlich waschen.

Fitness-Food

Damit Ihre Meerschweinchen beim Futtern fit bleiben, bieten Sie das Saftfutter nicht nur im Napf an. Hängen Sie Kräuter als Sträußchen ans Gitter, klemmen Sie Apfelschnitze etwas weiter oben zwischen die Gitterstäbe oder verstecken Sie Gemüsestückchen im ganzen Heim. Dann müssen sich die Meerschweinchen ein bisschen anstrengen, um an die Leckereien zu kommen, und bleiben so ganz nebenbei fit.

Nagerdrops gehören nicht zum Fitness-Food, vor allem die, die Zucker oder Milchprodukte enthalten. Inzwischen gibt es Leckerlis aus getrockneten Kräutern, die man anbieten kann. ■

KLEINER FUTTER-KNIGGE

- Frisches Heu und sauberes Wasser brauchen die Meerschweinchen rund um die Uhr.
- Füttern Sie so abwechslungsreich wie möglich.
- Gewöhnen Sie Ihre Tiere langsam und in kleinen Mengen an eine neue Futtersorte.
- Saftfutter wird frisch und gewaschen angeboten. Reste werden nach einem halben Tag entfernt.
- Damit das Grünzeug nicht verschmutzt, können Sie es in einer Raufe anbieten oder aufhängen.
- Gut gekühlt ist nichts für Meerschweinchen. Nehmen Sie das Futter vorher aus dem Kühlschrank.
- Die benötigte Futtermenge hängt von Alter, Temperament, Bewegungsangebot, Heimgröße, den Beschäftigungsmöglichkeiten und der Umgebungstemperatur ab.
- Als Futter ungeeignet sind Essensreste, Kohl (bläht), Kraut oder Salat (ist oft überdüngt und behandelt), altes Brot, Süßigkeiten, Kuchen etc.

Snack-Ideen

FÜR MEERSCHWEIN-PARTYS

❶ Futter-glöckchen

Futterglöckchen sind ganz leicht zu basteln und sehen toll aus! Alles, was du brauchst, sind kleine Tontöpfchen, frisches Gemüse oder Obst und eine Schnur. Fädle die Leckerbissen auf die Schnur. Jetzt nimmst du das andere Ende der Schnur, fädelst es durch das Loch im Tontopf und bindest es am Heimdach fest. Fertig ist das Futterglöckchen!

❷ Gemüse on the Rock

Für dieses Partyfutter brauchst du einen Ziegelstein. Nun schneidest du verschiedenes buntes Gemüse – Karotten, Fenchel, Paprika – in Stücke, die du in die Löcher des Ziegels steckst. Nun müssen sich deine Meerschweinchen ein bisschen anstrengen, um die Leckerbissen wieder herauszuziehen.

Gefüllte Gurke ❸

Schneide von einer Gurke etwa fünf Zentimeter lange Stücke ab und höhle sie mit einem Löffel aus. In das Loch füllst du nun ein wenig Petersilie, kleine Paprikastückchen oder etwas anderes, das deine Meeries gern mögen. Was machen sie nun als Erstes: von der Gurke knabbern oder die Füllung fressen?

Südsee-Spieße ❹

Suche Dir einige dicke, lange Strohhalme. Dann schnipple weiche Obstsorten – z. B. Banane, Melone, Erdbeere – klein und spieße sie bunt gemischt auf die Strohhalme. Fertig!

Fenchel-männchen ❺

Dazu brauchst du eine Fenchel-knolle, eine kleine Möhre, einen Zahnstocher und eine kleine Tomate. Die feinen Blätter des Fenchels bilden die Haare. Jetzt bohrst du vorsichtig mit einem Küchen-messer oder Apfelausstecher ein Loch in die Mitte der Knolle und schiebst die Mohrrübe als Nase hindurch. Dann schneidest du die Tomate in zwei Hälften. Den Zahnstocher brichst du in der Mitte durch und befestigst mit ihm die Augen. Fertig ist das Fenchelmänn-chen, das deine Schweinchen gern vernaschen werden.

GRÜNDLICHER
Wohnungsputz

ALLES SAUBER? In freier Wildbahn können sich die Meerschweinchen gut selbst versorgen, ein Regenschauer und eigene Fellpflege führen zu glänzendem Fell, Krallen und Zähne nutzen sich durch Herumlaufen und Nagen ab. Die Ausscheidungen der Tiere verteilen sich auf eine größere Fläche und Mikroorganismen sorgen für die Zersetzung. Bei Meerschweinchen, die in menschlicher Obhut leben, sind wir für das Wohlergehen der Tiere verantwortlich und dazu gehört auch, Käfig und Gehege inklusive Einrichtung sauberzuhalten.

Hausputz Kurz schrubben, heiß ausspülen, abtrocknen und einstreuen. Fertig ist der Käfig, der nun wieder nach sauberer Streu riecht.

Tägliche Handgriffe

Drei Mal am Tag wird das Heu erneuert und altes weggeworfen. Saftfutter, das nicht gefressen wurde, wird nach einem halben Tag entfernt. Die Napfe werden mindestens einmal am Tag mit heißem Wasser ausgewaschen und, wenn nötig, mit einer Bürste geschrubbt. Auf Spülmittel sollten Sie verzichten. Wenn Sie eine Nippeltränke haben, wird diese gründlich mit heißem Wasser gespült und mit einer Flaschenbürste gereinigt. Vergessen Sie das Metallröhrchen nicht, denn hier lagern sich besonders gern Keime und Algen ab, die man von außen nicht sehen kann. Das funktioniert am besten mit Pfeifenreinigern oder einem Wattestäbchen.

Gehege samt Inventar

Einmal die Woche kommt der Käfig mit Inventar an die Reihe. Während die Tiere die Zeit in ihrem Freilauf verbringen, wird die Einstreu entsorgt. Die Bodenschale wird mit heißem Wasser und einer Bürste gründlich geschrubbt. Bei Harnstein und starken Verschmutzungen hilft Essigessenz oder Zitronensäure, scharfe Putzmittel sollten Sie nicht verwenden. Anschließend wird die Bodenschale heiß ausgespült und trocknen gelassen. Währenddessen kommt das Inventar an die Reihe.

Spielzeug, Backsteine und Häuschen werden ebenfalls warm abgeduscht und notfalls mit der Bürste bearbeitet. Auch das Käfigoberteil wird abgespült.

Wenn alles trocken ist, kommt eine dicke Schicht Einstreu in die Bodenschale, Häuschen, Spielzeug und Co. werden an ihre angestammten Plätze verteilt und fertig ist der Wohnungsputz.

Auslauf reinigen

Wenn Sie den Auslauf mit Betttüchern oder Flickenteppichen ausgelegt haben, werden diese in die Waschmaschine befördert, Zeitungen und Folie werden zusammengerollt und durch eine saubere Folie sowie neue Lagen Zeitung ersetzt. Oben drauf werden frische Bettlaken, Flickenteppiche oder neue Reisstrohmatten ausgelegt. Auch hier werden Häuschen, Rampen und sonstige Einrichtungsgegenstände mit heißem Wasser und einer Bürste geschrubbt. Wenn alles trocken ist, wird der Auslauf neu bestückt.

Wenn ein Häuschen sehr verdreckt oder angenagt ist, die Grashöhle nicht mehr nur nach Gras riecht oder die Tränke sich nicht mehr vernünftig reinigen lässt, ist es Zeit für einen kleinen Ausflug in die nächste Zoofachhandlung. Wechseln Sie Altes, Defektes oder Unappetitliches gegen neue Gegenstände aus.

Gepflegte
SCHWEINCHEN

FELLPFLEGE Kurzhaarmeerschweinchen übernehmen die Fellpflege in der Regel selbst, hier müssen Sie nicht nachhelfen. Manche Meerschweinchen mögen es, wenn sie mit einer weichen Bürste gebürstet werden, andere können es gar nicht leiden. Respektieren Sie die Bedürfnisse Ihrer Tiere und halten Sie das Pflegeprozedere nur so lang wie nötig.

Langhaarige Meerschweinchen müssen täglich gekämmt oder gebürstet werden. Achten Sie darauf, dass Sie das lange Fell immer auf einige Millimeter über Bodenlänge kürzen. Ansonsten schleift das Haar auf dem Boden, setzt sich voller Späne und verfilzt. Im Sommer sollten Sie Ihren Langhaarmeerschweinchen einen flotten Kurzhaarschnitt verpassen, wenn sie unter der Hitze leiden. Das Fell wächst wieder nach, und den Tieren geht es viel besser.

Meerschweinchen sind von Natur aus wasserscheu und werden nicht grundlos gebadet. Putzen und gegebenenfalls bürsten reichen vollkommen aus, sofern sie gesund sind. Kontrollieren Sie auch die Füßchen. Sie sollen sauber sein und ohne Verletzungen (von zu harter Einstreu).

 **MEERSCHWEINCHEN-TÜV** Dieser Film hilft Ihnen, die richtigen Pflegehandgriffe durchzuführen. Sie finden ihn auch unter www.m.kosmos.de/13254/v7.

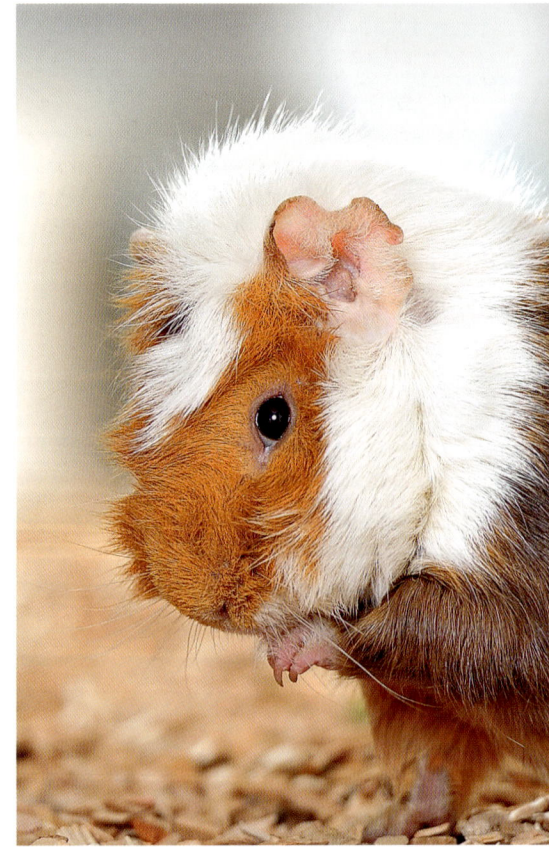

Körperpflege Meerschweinchen sind reinliche Tiere, die sich selbst putzen, sodass eine regelmäßige Kontrolle genügt.

Augenkontrolle Wenn Sekret im Augenwinkel haftet, wird es vorsichtig mit einem angefeuchteten Tuch weggewischt.

Krallen Kontrollieren Sie regelmäßig die Länge der Krallen und kürzen Sie sie, wenn nötig, mit einer Krallenzange.

Von vorne bis hinten

Einmal pro Woche werden die Meerschweinchen unter die Lupe genommen. Sind die Augen klar? Sind Näschen und Ohren sauber? Wenn die Augen verklebt sind oder die Ohren schmutzig, können Sie sie vorsichtig mit einem weichen, feuchten Tuch sauber reiben. Kommen Verklebungen oder Verschmutzungen öfter vor, sollten Sie vom Tierarzt abklären lassen, ob eine Erkrankung vorliegt. Kontrollieren Sie auch das Hinterteil: Po und die Geschlechtsteile umgebende Hautfalte sollen sauber und ohne Verklebungen sein. Bei Böckchen muss diese Perianaltasche regelmäßig kontrolliert und gereinigt werden – einfach mit einem feuchten Tuch abwischen. Tasten Sie Bauch und Beine ab: Gibt es Knötchen? Fühlt sich der Bauch weich an? Kann das Tier die Beine ohne Schmerzen bewegen? Je besser Sie Ihre Meerschweinchen kennen, desto eher fallen Ihnen Veränderungen auf und Sie können schnell darauf reagieren.

GEWICHTSKONTROLLE

Setzen Sie Ihre Meerschweinchen einmal pro Woche auf die Waage. Legen Sie für jedes Tier eine Wiegekarte an und tragen Sie das Gewicht ein. So sehen Sie auf einen Blick, wenn eines der Meerschweinchen plötzlich stark zu- oder abnimmt. Ein Gewicht von 900 bis 1 400 g ist normal.

Krallenpflege

Schauen Sie sich regelmäßig die Krallen an. Sie nutzen sich bei Wohnungshaltung oft nicht genügend ab, werden zu lang und drehen sich im schlimmsten Fall korkenzieherartig ein. Das Meerschweinchen kann nicht mehr richtig laufen. Mit einer Krallenzange können Sie zu lange Krallen schneiden. Am besten machen Sie diese Prozedur zu zweit: Einer hält das Meerschweinchen und die Pfote, damit der andere die Zange ansetzen kann. Vor einer guten Lichtquelle kann man den blut- und nervenführenden Bereich bei hellen Krallen gut erkennen. Der Schnitt wird 3 – 5 mm davor ausgeführt und zwar unbedingt waagerecht. Bei sehr dunklen Krallen schneiden Sie lieber weniger ab, dafür aber öfter. Lassen Sie sich das Krallenschneiden beim ersten Mal von Ihrem Tierarzt zeigen.

Zähne zeigen

Kontrollieren Sie die Schneidezähne. Sie sind gleichmäßig abgeschliffen und stehen senkrecht aufeinander. Zu lang gewordene Schneide- und Backenzähne behindern beim Fressen und verursachen Entzündungen an Zunge und Mundschleimhaut. Gehen Sie zum Tierarzt. Er wird die Zähne kürzen. Mit der richtigen Ernährung können Sie zu langen Zähnen vorbeugen. ∎

Krank? Wenn ein Meerschweinchen sich verkriecht und sich anders verhält als sonst, können das erste Krankheitsanzeichen sein.

MEERSCHWEINCHEN BEIM *Tierarzt*

KRANKHEITSANZEICHEN Krankheiten zu erkennen, ist gar nicht so leicht, denn Meerschweinchen versuchen, sich in der Gruppe möglichst normal zu verhalten. Deshalb müssen Sie die Rasselbande jeden Tag sehr genau beobachten. Sind alle neugierig und munter? Fressen sie in normalem Tempo? Ist die Verdauung wie immer? Sobald ein Tier apathisch wirkt, zwar zum Futter geht, aber kaum frisst, Durchfall hat oder plötzlich Gewicht verliert, sollten Sie zum Tierarzt gehen.

Zahnfehlstellungen können zu Schmerzen und Appetitmangel führen und schon so manches Schweinchen ist vor vollem Napf verhungert. Auch durch den hohen Stoffwechsel (Herzfrequenz 230 bis 380 Schläge pro Minute, Atmung 100–150mal pro Minute, Temperatur zwischen 37,9 und 39,7 °C) breiten sich Krankheitserreger schnell im Körper aus. Sobald eines Ihrer Tiere trotz guter Pflege einen kranken Eindruck macht, sollten Sie mit ihm zum Tierarzt gehen.

Da vor jeder erfolgversprechenden Behandlung eine genaue Diagnose erfolgen muss, ist es sinnvoller, im Zweifelsfall lieber einmal zu viel den Tierarzt aufzusuchen, als einmal zu wenig. Je früher dem Meerschweinchen geholfen wird, desto besser sind die Heilungschancen.

Fragen vom Tierarzt

Je genauer Sie die Fragen des Tierarztes beantworten können, desto besser. Nehmen Sie Ihre Wiegekarte und eine Kotprobe mit. Falls Sie vermuten, dass Ihr Meerschweinchen etwas Giftiges gefressen hat, packen Sie auch davon eine Probe ein. Ansonsten wird der Arzt folgende Fragen stellen:

- Wie alt ist das Tier?
- Seit wann lebt es bei Ihnen?
- Wo und wie wird es gehalten?
- Hat es Appetit und Durst?
- Was hat es gefressen/getrunken?
- Wann haben Sie die Symptome zuerst bemerkt?
- Wie äußert sich die Veränderung?
- Wie sehen die Ausscheidungen aus?
- Gibt das Tier Schmerzenslaute von sich?

Warm und trocken Nach einem medizinisch notwendigen Bad wird das Tier gut abgetrocknet, damit es sich nicht erkältet.

Hautiges Kratzen Kratzt sich das Meerschweinchen oft, sollte man Haut und Fell gründlich nach Milben absuchen.

Behandlung nach Vorschrift

Je nach Diagnose wird Ihnen der Tierarzt erklären, was zu tun ist. Er sagt Ihnen auch, ob Sie das kranke Tier von seinen Artgenossen trennen müssen. Es ist wichtig, sich an die Gebrauchs- und Dosieranweisungen der Medikamente zu halten. Flüssige Medikamente werden mit einer Pipette hinter den Schneidezähnen ins Mäulchen eingeflößt, Salben mit einem Wattestäbchen aufgetragen. Falls das Schweinchen Ektoparasiten wie z.B. Milben hat und medizinische Bäder benötigt, braucht man eine Wanne mit lauwarmem Wasser. Das Meerschweinchen wird mit den Hinterbeinen hineingestellt und mit der einen Hand unterhalb der Vorderpfoten gestützt, während man mit der anderen das Shampoo oder die Lotion aufträgt. Achten Sie darauf, dass nichts in die Augen kommt. Anschließend wird das Meerschweinchen vorsichtig abgetrocknet.

DIE HÄUFIGSTEN

Meerschweinchen-
krankheiten

Kranheitsanzeichen	Verdacht auf	Maßnahmen
Durchfall, breiige Köttel oder wässriger Durchfall	Zu schnelle Futterumstellung, Zahnfehlstellung, bakterielle Infektion, Darmparasiten, Vergiftung	Heu und Wasser oder lauwarmen Kamillentee anbieten. Durchfall muss innerhalb von 24 Stunden abklingen, sonst zum Tierarzt. Bei wässrigem Durchfall sofort zum Tierarzt, Kotprobe mitnehmen.
Aufgetriebener Bauch, Abgeschlagenheit, das Meerschweinchen frisst kaum und knirscht mit den Zähnen.	Blähungen	Gehen Sie zum Tierarzt. Er wird die Blähungen behandeln und, wenn Zahnprobleme die Ursache für die Fehlernährung sind, diese beheben. Fütterung auf Heu und Grünzeug umstellen.
Köttelketten, zu große Köttel oder gar keine mehr	Verstopfung, Haarballen durch Fellwechsel, zu wenig Bewegung	Bürsten Sie die Meerschweinchen während des Fellwechsels. Sorgen Sie für ausreichend Bewegung. Etwas Nager-Maltpaste, ein Tropfen Rapsöl, ein Stückchen Ananas oder eine Scheibe Kiwi sollen helfen, die aufgenommenen Haare besser auszuscheiden. Tritt keine schnelle Besserung ein, gehen Sie zum Tierarzt.
Das Meerschweinchen ist apathisch, liegt auf der Seite, es verweigert das Futter und atmet flach.	Hitzschlag, schwere Erkrankung/Infektion	Verdacht auf Hitzschlag: Wickeln Sie das Tier sofort in ein kühles, feuchtes Tuch. Flößen Sie ihm Wasser ein. Halten Sie die Füße in kühles Wasser. Fahren Sie unverzüglich zum Tierarzt. Auch beim Verdacht auf eine Infektion sollten Sie sofort zum Tierarzt.
Verklebte, geschlossene, trübe Augen, rote, geschwollene Lidränder	Bindehautentzündung, Verletzung des Auges, Backenzahnprobleme	Gehen Sie zum Tierarzt. Vorbeugend auf nicht staubende Einstreu achten.

Kranheitsanzeichen	Verdacht auf	Maßnahmen
Verklebte oder feuchte Nase, das Meerschweinchen niest, ist apathisch und verweigert die Nahrung, starke Flankenatmung	Erkältungskrankheit (Schnupfen bis Lungenentzündung)	Vermeiden Sie Durchzug und Kälte. Gehen Sie zum Tierarzt. Unterstützend können Sie das Meerschweinchen inhalieren lassen.
Das Meerschweinchen sabbert, ist feucht rund um das Mäulchen, es frisst schlecht, Gewichtsverlust	Zahnprobleme durch fehlerhafte Zahnanlage oder falsche Fütterung	Kontrollieren Sie die Schneidezähne. Sind sie zu lang, ist einer abgebrochen? Oft bereiten die Backenzähne dem Meerschweinchen Probleme, was der Halter nicht auf Anhieb sieht. Lassen Sie das durch Ihren Tierarzt abklären.
Verklebte oder schuppige Ohren, das Meerschweinchen hält evtl. den Kopf schief	Infektion im Innenohr, Parasiten- oder Pilzbefall	Gehen Sie zum Tierarzt. Bei Ohrräude oder Pilzbefall wird der Tierarzt einen Abstrich machen, um ein entsprechendes Medikament zu verschreiben.
Glanzloses, struppiges Fell, kahle Stellen, Schorf, das Meerschweinchen kratzt sich vermehrt	Parasitenbefall (Flöhe, Milben, Haarlinge), Pilzbefall	Ihr Tierarzt erstellt die Diagnose und wird Ihnen ein geeignetes Mittel verschreiben.
Symmetrischer Haarausfall an den Flanken weiblicher Tiere, Gewichtsverlust	Zysten an den Eierstöcken, die Hormone bilden	Der Tierarzt kann die Zysten punktieren oder entfernen.
Blut im Urin, das Meerschweinchen hat Schmerzen beim Wasserlassen	Blasen- oder Nierenerkrankung	Gehen Sie zum Tierarzt. Er wird feststellen, ob es sich um eine Blaseninfektion, Blasen- oder Nierensteine handelt und die richtige Therapie einleiten. Unterstützend können Sie frische und getrocknete Kräuter sowie Tees aus Löwenzahn, Brennnesseln, Birkenblättern oder Kamille anbieten.
Wunde Hinterläufe, kahle Stellen, Schorf	Entzündungen durch falschen Untergrund (Teppiche, harte Einstreu etc.)	Halten Sie das Gehege sauber. Achten Sie auf weichen Untergrund. Wechseln Sie ggf. die Streu, wenn diese zu hart ist. Beim Freilauf sollten weiche Baumwollteppiche ausgelegt werden.
Beulen oder Verdickungen am Körper, starker Gewichtsverlust	Abszesse, Grützbeutel, gutartige Fettgeschwülste oder auch Tumore	Der Tierarzt wird die Ursache abklären und die Geschwulst, wenn nötig, entfernen.

GUT BETREUT
IN *Urlaub & Alter*

URLAUBSBETREUUNG Wenn Sie verreisen wollen, kümmern Sie sich am besten rechtzeitig um einen Tier-Sitter, denn Meerschweinchen wollen nicht verreisen. Vielleicht gibt es Freunde und Bekannte, die die Tiere schon kennen und sich in ihrer vertrauten Umgebung um sie kümmern. Oder es gibt einen älteren Schüler oder Studenten, der für etwas Taschengeld nach Ihren Tieren schaut. Sie sollten ihn vorher genau einweisen. Hinterlassen Sie Ihre Urlaubsanschrift und die Telefonnummer Ihres Tierarztes. Wenn Sie niemanden finden, der zu Ihnen kommen kann, können die Meerschweinchen mit samt Gehege zu Freunden ziehen, die sich ihrer annehmen.

Gruppe erhalten

Was Sie jedoch tunlichst unterlassen sollten, ist Ihre Meerschweinchengruppe zu trennen oder zu einer fremden Gruppe dazuzusetzen. Das bringt Unruhe in die Gruppe und führt oft zu Streitereien. Auch wenn Sie wieder zu Hause sind und alles beim Alten zu sein scheint, dauert es oft lange, bis wieder Ruhe in die Gruppe kommt. Damit würden Sie weder sich noch den Schweinchen einen Gefallen tun. Wenn Ihre Tiere also zu Freunden kommen, die ebenfalls Meerschweinchen haben, bleibt jedes Rudel für sich.

Urlaub Meerschweinchen verreisen nicht gern. Lassen Sie sie in der Obhut von Menschen, die sie bereits kennen.

Meerschweinchenpension

Sollten Sie niemanden kennen oder finden, dem Sie während Ihres Urlaubs Ihre Meerschweinchen anvertrauen können, schauen Sie sich nach einem Pensionsplatz um. Meerschweinchenhilfsorganisationen oder Tierheime helfen Ihnen gern, einen geeigneten Platz zu finden.

Alte Meerschweinchen

Alle Meerschweinchen werden auch einmal alt. Manchmal beginnt die merkliche Alterung schon zwischen dem fünften und sechsten Lebensjahr, bei anderen Tieren zeigen sich erste Anzeichen erst mit sieben. Das Fell wird etwas stumpfer und struppiger und sie verlieren mehr Haare. Die schöne, runde Meerschweinchenform wird um die Hüften herum eckiger und die Augen werden trüber.

Verhalten und Pflege

Ältere Meerschweinchen haben ein geringeres Bewegungsbedürfnis, sie klettern nicht mehr gern über Hindernisse oder auf erhöhte Aussichtsplätze. Außerdem nimmt ihr Ruhebedürfnis zu. Es kann passieren, dass sie den Zeitpunkt der Fütterung verschlafen. Alles geht etwas langsamer und bedächtiger, auch die Nahrungsaufnahme. Achten Sie darauf, dass Ihr altes Schweinchen genügend Futter abbekommt und ihm die jüngeren Mitbewohner nicht alles wegfressen. Notfalls müssen Sie die Tiere während der Fütterung durch ein kleines Brett trennen, damit der Oldie ungestört fressen kann. Stecken Sie ihm ruhig einen Extra-Happen in Form von Petersilie, grünem Hafer oder Erbsenflocken zu. Sollte er massive Kaubeschwerden haben, lassen Sie

Senioren Achten Sie darauf, dass ältere, nicht mehr so fitte Meerschweinchen bei der Fütterung nicht zu kurz kommen.

die Zahnstellung von Ihrem Tierarzt abklären. Er kann Ihnen auch Tipps zur Ernährung des Schweinchens geben.

Dem Senior ist es wichtig, dass seine gewohnte Umgebung so bleibt, wie sie ist. Veränderungen verursachen Stress und alte Tiere kommen damit schlechter zurecht als junge.

> **TIPP: SENIOREN-WG**
> Auch ein altes Meerschweinchen braucht seine Artgenossen. Oft werden ältere Tiere sogar wieder vitaler, wenn ein jüngeres Tier dazukommt. Meerschweinchenhilfsorganisationen stehen Ihnen in dieser Phase gern mit Rat und Tat zur Seite.

Abschied

Alte Meerschweinchen sterben meistens ohne merkliche Leiden im Schlaf. Sollte das Meerschweinchen Schmerzen haben und leiden, ohne dass Sie ihm Linderung verschaffen können, sollten Sie es einschläfern lassen. Die Entscheidung und der letzte Gang zum Tierarzt sind schwer, aber auch dieser Schritt gehört zu einer verantwortungsvollen, artgerechten Tierhaltung dazu. ■

DIE SACHE MIT DEM Nachwuchs

FORTPFLANZUNG Der Vollständigkeit halber wird das Fortpflanzungsverhalten beschrieben. Allerdings raten wir dringend davon ab, unüberlegt junge Schweinchen in die Welt zu setzen. Es gibt genug Meerschweinchen, die sich unbedacht vermehren konnten, danach kein Zuhause gefunden haben und im Tierheim landeten. Für die Tiere bedeutet es größten Stress, wenn sie von Hand zu Hand wandern und häufigen Wechseln ausgesetzt sind.

Die Masse macht es

Es gehört zur Überlebensstrategie der wilden Meerschweinchen, sich möglichst schnell zu vermehren und viel Nachwuchs in die Welt zu setzen. Sie haben allerhand Feinde – Greifvögel und Raubtiere, denen sie leicht zum Opfer fallen. Und da sie klein und wehrlos sind, machen sie Verluste durch Menge wett. Die Strategie geht auf: Sie gehören zu den häufigsten Nagern Südamerikas. Auch Hausmeerschweinchen sind keine Kinder von Traurigkeit. Weibchen werden schon mit drei bis vier Wochen geschlechtsreif, obwohl sie in dem Alter noch nicht mal ausgewachsen sind, Böckchen mit vier Wochen. Zum Züchten ist es natürlich viel zu früh, die Zuchtreife liegt bei sechs Monaten (Weibchen) und drei bis fünf Monaten (Böckchen).

Weibliche Meerschweinchen sind alle 16 Tage empfängnisbereit. Das Böckchen umwirbt das Weibchen mit lautem Brommseln und wiegendem Schritt, umkreist die Dame in Zeitlupe und stupst ihr in die Flanke. Sie rennt oft erst weg, doch wenn sie bereit ist, bleibt sie stehen und hebt ihr Hinterteil an. Der Rest ist schnell geschehen. Das Männchen reitet auf und keine halbe Minute später ist der Deckakt erledigt. Nun putzt sich jeder und nach ein bis zwei Minuten Pause paaren sich die Tiere erneut.

Nestflüchter Junge Meerschweinchen kommen voll entwickelt zur Welt und naschen bald an allem, was ihre Mutter frisst.

Frühreif Da Meerschweinchen schon mit drei bis vier Wochen geschlechtsreif werden, muss man die Jungen früh trennen.

Wählerisch Manche Meerschweinchen rühren Futter, das sie nicht schon als Junges kennengelernt haben, später nicht an.

Vollentwickelte Nestflüchter

Nach ca. 68 Tagen Tragzeit ist die Schwangerschaft beendet. Sie ist ziemlich kräftezehrend für das Weibchen, da die Kleinen vollentwickelt zur Welt kommen, also mit Fell, offenen Augen und Ohren, sogar mit bereits vorhandenem Gebiss. Zur Geburt hockt sich das Weibchen mit gespreizten Hinterbeinen in eine ruhige Ecke – es wird kein Nest gebaut – und bekommt meist innerhalb einer halben Stunde zwei bis vier Junge. Die Jungen werden von ihrer Mutter von der Eihülle befreit und trocken geleckt. Eihülle und Nachgeburt werden von ihr gefressen. Schon eine Stunde nach der Geburt ist das Weibchen wieder empfängnisbereit.

Die Meerschweinchenmutter hat nur zwei Zitzen, die sich die Kleinen in den nächsten drei bis vier Wochen teilen müssen, allerdings kommt es kaum zu Streitereien, denn die kleinen Nestflüchter knabbern schon ab dem ersten Tag an allem, was die Mutter frisst. Die Jungen sind durch Stimmfühlungslaute

in ständigem Kontakt und schließen sich zur Gruppe zusammen. Oft liegen und ruhen sie nah beieinander, ansonsten wuseln sie durch den Käfig und spielen. Trennen Sie die kleinen Böckchen am Ende der dritten Woche von den weiblichen Tieren. Wenn Sie sich für eine Frühkastration entschieden haben (was wir Ihnen sehr empfehlen), wäre jetzt der richtige Zeitpunkt. Nach der Kastration dürfen die jungen Männchen sofort wieder in ihre Gruppe.

Lernen fürs Leben

Während der ersten Lebenswochen lernen Meerschweinchen fast alles, was sie fürs Leben brauchen. In der Sippe üben sie meerschweinchengerechtes Sozialverhalten und Kommunikation. Bis zum Abgabealter von sechs bis acht Wochen beherrschen sie das Wesentliche, was Meerschweinchen wissen sollten. Neben dieser innerartlichen Prägung sollten die Kleinen aber auch Menschen, fremde Geräusche und Gerüche kennenlernen.

Meerschweinchenverhalten
VERSTEHEN

VERSTEHEN & BESCHÄFTIGEN

S. 62

Mit allen Sinnen

Sehen Meerschweinchen sind kurzsichtig, haben jedoch einen fast 360-Grad-Rundumblick und können Farben unterscheiden.

Hören Sie hören fantastisch, etwa so gut wie Hunde und Katzen.

Riechen Schweinchen haben Supernasen! Ein Großteil ihrer Kommunikation läuft über Duftbotschaften ab.

Schmecken Meerschweinchen sind Feinschmecker. Sie mögen Abwechslung und entwickeln Vorlieben und Abneigungen.

Fühlen Mit ihren empfindlichen Tasthaaren können sie sich im Dunkeln zurechtfinden.

S. 64

12 TYPISCHE VERHALTENS-WEISEN WERDEN IM DOLMETSCHER GEZEIGT

S. 70

Spielmaterial

Wählen Sie ungiftige Materialien, die Ihre Meerschweinchen bedenkenlos benagen können. Geeignet sind:

- ❑ „Nagermöbel" aus unbehandeltem Holz
- ❑ Röhren aus Ton, Kork, Rinde oder Holz
- ❑ Kobel aus geflochtenem Stroh
- ❑ Körbe aus unbehandelten Weiden
- ❑ unbcdrucktc Pappen und Kartons
- ❑ Äste und Zweige

S. 74

Das macht fit

Spielen und Turnen macht Ihre Meerschweinchen fit: Röhren aus Ton, Korkeichenrinde oder Holz eignen sich zum Hindurchkriechen und Verstecken. Auf das Dach verschiedener Schlafhäuschen oder Treppen aus Ziegelsteinen können die Tiere hinaufklettern. Äste und Zweige werden beschnuppert und benagt. Und Leckereien an erhöhten Stellen laden zum „Stretchıng" ein. Heuhaufen dienen als Knabber- und Versteckmöglichkeiten.

S. 70

Auf zum Freilauf

Meerschweinchen müssen ihren Bewegungsdrang ausleben, um gesund zu bleiben. Dazu benötigen sie einige Stunden Freilauf am Tag. Beseitigen Sie alle Gefahren wie Kabel, giftige Pflanzen etc. in Ihrer Wohnung, bevor Ihre Meerschweinchen frei herumlaufen dürfen.

Typisch
MEERSCHWEINCHEN

FLUCHTTIERE Meerschweinchen sind Fluchttiere und verschwinden so schnell wie möglich in ihrem Versteck, wenn sie sich bedroht fühlen. Und bedroht fühlen sie sich nicht nur durch natürliche Feinde, sondern auch durch laute, ungewohnte Geräusche, neue Gerüche oder plötzliche Bewegungen.
Große Angst haben Meerschweinchen vor allem, was von oben kommt. Das kommt nicht von ungefähr, denn sie sind begehrte Beutetiere von Greifvögeln. Daher erschrecken sie auch, wenn Hände von oben nach ihnen greifen.

Feines Gehör

Das Gehör ist ausgesprochen gut und zählt zum wichtigsten Sinn der Schweinchen. Wer sich so viel zu erzählen hat, muss auch gut zuhören können. Natürlich hören sie auch sofort, wenn es irgendwo im Gebüsch raschelt, und heben alarmiert ihre Köpfchen. Doch nicht nur das Rascheln im Gebüsch wird wahrgenommen, auch eine Tüte, die Fressbares verspricht, lässt die Schweinchen sofort aufhorchen. Und schon pfeift es: „Her mit der Gurke!"

Verstecken Als Höhlenbewohner lieben es Meerschweinchen, sich irgendwo zu verstecken, zum Beispiel in einem Haufen Heu.

Lauschen Dem feinen Gehör der Meerschweinchen entgeht so leicht nichts. Für die Fluchttiere ist das überlebenswichtig.

Erkunden Meerschweinchen sind neugierig und schnuppern zunächst an einem Leckerbissen, ehe sie ihn fressen.

Guter Rundumblick

Die Augen des Meerschweinchens sitzen seitlich am Kopf, das ermöglicht ihnen nahezu einen 360-Grad-Rundumblick. So können sie Bewegungen gut wahrnehmen, ohne den Kopf zu drehen, und erkennen auch Dinge, die von hinten kommen. Feinde haben es schwer, sich unbemerkt anzuschleichen. Allerdings können Meerschweinchen dafür nur schlecht räumlich sehen. Sie können auch Farben unterscheiden, allerdings weiß man nicht genau, ob sie die Welt genauso wahrnehmen wie wir.

Supernasen mit Tastsinn

In der Nähe sehen Meerschweinchen nicht mehr so gut, doch hier kommt ihr ausgesprochen guter Geruchssinn zum Einsatz. Sie nehmen ihre Umwelt über Gerüche wahr, verständigen sich mithilfe von Düften und erkennen ihre Artgenossen am Geruch. Sie riechen sofort, ob er zu ihrer Sippe gehört oder ob es sich um ein fremdes Tier handelt.

Rund um Maul und Nase sind die Tasthaare angeordnet. Mit ihnen können sie sich auch im Dunkeln orientieren.

Leckermäulchen

Meerschweinchen sind Feinschmecker mit Vorlieben und Abneigungen. Manches mögen sie besonders gern, anderes – vor allem Saures – lehnen sie angewidert ab, manche ziehen sogar richtige Grimassen. Leider fressen Meerschweinchen auch Dinge, die ihnen nicht bekommen – Hauptsache, es schmeckt. Deshalb ist es wichtig, alles außer Reichweite zu bringen, was nicht in einen Meerschweinchenmagen gehört! ■

DUFTSPRACHE
Meerschweinchen kommunizieren mithilfe von Duftmarken: Familienangehörige und Fremde werden so voneinander unterschieden, das Revier wird markiert. Paarungsbereite Weibchen locken Männchen durch Duftstoffe (Pheromone) an.

Erkennen Die Tiere erkennen sich untereinander am Geruch und kommunizieren mit Hilfe von Düften.

DER HEIMTIER-DOLMETSCHER

Meerschweinchen verstehen

❶ Ganz schön gesprächig

Meerschweinchen haben sich ständig etwas zu erzählen: Pfeifen, Quieken, Grunzen, Gurren, Glucksen und noch mehr Laute gehören zu ihrem Repertoire. So bleiben sie miteinander in Kontakt und halten sich auf dem Laufenden.

❷ Ohren auf

Schon beim leisesten unbekannten Geräusch wird ein Meerschweinchen aufmerksam und ergreift notfalls schnell die Flucht.

❸ Aufmerksame Schnüffler

Die Meerinase steht nie still! Ständig schnuppert sie und nimmt wichtige Informationen aus der Umgebung auf, etwa Duftbotschaften der Sippe.

„Dreckschweinchen"? ❹

Von wegen! Meerschweinchen sind sehr reinliche Tiere. Doch Putzen dient nicht nur zur Fellpflege, sondern kann auch eine Übersprungshandlung sein. Wenn das Schweinchen nicht weiß, wie es sich verhalten soll, putzt es sich schnell mal.

Popcornen ❺

Meerschweinchen springen mit allen Vieren in die Luft und machen ausgelassene Bocksprünge. Dies ist oft ein Zeichen von Übermut, wenn sie Spaß haben oder etwas Neues entdecken. Es wird auch gezeigt, wenn sie überrascht werden.

Im Gänsemarsch ❻

Am liebsten sind Meerschweinchen im Gänsemarsch unterwegs. So weiß jeder, wo sein Vorder- und Hintermann gerade ist, und die Gruppe bleibt zusammen, vor allem in unübersichtlichem Gelände.

... HIER GEHT'S WEITER:

Wie erstarrt ❶

Meerschweinchen fallen in eine Starre, wenn sie Angst haben. Meist sind die Augen dabei weit aufgerissen. Sie erstarren bei Rangordnungsproblemen, aber auch, wenn sie gestreichelt oder auf den Arm genommen werden. Viele Tiere mögen nämlich nicht angefasst werden.

Lass mich ❷

Meerschweinchen schlagen mit dem Kopf, wenn sie gestreichelt werden und das nicht wollen. Untereinander ist es eine Drohgebärde, wenn ein anderes Tier zu nahe kommt. Manchmal zeigen sie dabei auch die Zähne.

Traumtänzer ❸

Meerschweinchen sind ausgesprochene Kurzschläfer: Über den Tag verteilt machen sie viele kurze Nickerchen von nur wenigen Minuten. Wenn sie in den Tiefschlaf fallen, liegen sie ganz entspannt auf der Seite. Im Traum zucken sie oft mit den Beinen oder auch mit dem ganzen Körper.

Höhlen-bewohner ❹

Meerschweinchen sind Höhlenbewohner. Wenn sie sich unsicher fühlen – aber auch zum Schlafen – brauchen sie unbedingt eine Rückzugsmöglichkeit. Ein Schlafhäuschen oder eine Korkröhre ist genau das Richtige dafür.

Achtung, jetzt komm ich ❺

Meerschweinchen sind zwar sehr friedliche Tiere, doch auch unter ihnen kommt es ab und zu Meinungs-verschiedenheiten. Bevor sie jedoch „pfotengreiflich" werden, versuchen sie, ihren Konflikt mit viel Imponier-gehabe und Scheinkämpfen zu lösen.

Ganz schön neugierig ❻

Meerschweinchen sind zwar sehr vorsichtig, doch wenn sie einmal Vertrauen gefasst haben, können sie auch ganz schön neu-gierig werden. Sie kommen oft angelaufen, um zu sehen, was ihr Besitzer mitgebracht hat.

MEERSCHWEINCHEN–
Sprache

Kleiner Lauschangriff

Meerschweinchen kommunizieren untereinander mit einer großen Palette von unterschiedlichen Tönen. Auch der Mensch wird lauthals begrüßt und natürlich auch gefragt, ob er etwas Leckeres mitgebracht hat. Wir versuchen, eine Übersetzung der häufigsten Laute zu geben.

Pfeifen oder Quieken

Pfeifen oder Quieken, das sehr laut werden kann, ist dem Menschen vorbehalten und dient der Begrüßung. Wird das Pfeifen schriller, kann es ein Ausdruck von Angst, Panik oder Schmerzen sein. Auch Meerschweinchen, die ihr Rudel verloren haben, geben diese Töne von sich.

Redselig Meerschweinchen sind redeselig und unterhalten sich mit ihren Artgenossen, aber auch mit dem Menschen.

Glucksen und Mucken

Wenn Meerschweinchen sich wohlfühlen, sind diese Laute zu hören. Meistens quasselt die Bande leise vor sich hin, wenn sie herumläuft oder im Heu liegt.

Brummen oder Brommseln

Unter Brommseln versteht man ein knatterndes, brummendes Geräusch, das meist Böckchen von sich geben, wenn sie um ein Weibchen werben. Das Ganze erfolgt im Wiegeschritt mit gesenktem Kopf, um die Angebetete in Paarungsstimmung zu versetzen. Brommseln wird auch bei Rangordnungsstreitigkeiten eingesetzt.

Lautes Gurren und Quiezen

Christine Wilde (www.diebrain.de) vergleicht diesen Laut mit einem zu schnell abgespielten Tonband, der kaskadenartig an- und abschwillt. Hier scheinen die Tiere in einer wilden Diskussion zu sein und geben ihre Uneinigkeit zum Besten. Man kann es auch als Vorstufe von Streitigkeiten vernehmen.

Zähneknirschen und Zirpen

Wenn Meerschweinchen im Eck sitzen und mit den Zähnen mahlen, kann es unterschiedliche Ursachen haben. Manchmal fressen sie noch etwas, das in den Backentaschen verstaut ist, oder

VERHALTEN In diesem Film erfahren Sie einiges über Meerschweinchenverhalten. Die gleichen Infos finden Sie auch unter www.m.kosmos.de/13254/v8

MIT LEISEN TÖNEN
1. **Pfeifen** Die beiden begrüßen sich und ...
2. **Quieken** ... umrunden sich schnüffelnd.
3. **Glucksen** Im Versteck reden sie leise weiter.

pflegen ihre Zähne. Allerdings knirschen sie auch mit den Zähnen, wenn sie sich unbehaglich fühlen oder Schmerzen haben.

Das Zähnewetzen oder -klappern ist mit Säbelrasseln zu vergleichen. Es ist ein deutlicher Warnlaut und Zeichen von Imponiergehabe. Wenn der Gegner keinen Rückzug macht, gibt es Streit. Das Zirpen klingt wie das Schimpfen einer Amsel. Meistens geben Meerschweinchen diese Töne bei Frust oder Stress von sich, zum Beispiel, wenn es Streitigkeiten in der Sippe gibt oder ein Tier krank ist. Dabei bebt der ganze Körper, die anderen Rudelmitglieder verfallen meist in eine Art Starre und hören dem zirpenden Tier zu. ■

Abenteuer
FÜR MEERIES

FREILAUF MACHT SPASS! Doch irgendwann kennen Ihre Meerschweinchen auch den letzten Winkel der Wohnung – spätestens dann wird es Zeit für mehr Abwechslung. Mit einfachen Mitteln und etwas Fantasie gestalten Sie Ihren Meerschweinchen einen spannenden Abenteuerspielplatz, der immer wieder zu neuen Entdeckungstouren einlädt.

Höhlenforscher

Meerschweinchen als Höhlenbewohner lieben alle dunklen Löcher, in die man hineinkriechen kann. Also Ton-, Kork- oder Holzröhren, Kartons, in die Sie einen Ein- und Ausgang schneiden, aus Stroh geflochtene Kobel, Grashöhlen oder verschiedene Schlafhäuschen laden kleine Höhlenforscher zu Expeditionen ein.

Klettermaxe

Auf fast alles, in das man hineinkriechen kann, kann man auch hinaufklettern. Sie werden sehen, Ihre Tiere erforschen ihr Höhlenspielzeug auch von außen. Sie können aus Ziegelsteinen eine Treppe bauen oder Sie legen ein Brett als nicht zu steile Rampe schräg auf ein Schlafhäuschen. Der positive Nebeneffekt dieser Klettereien: Die Krallen der Meerschweinchen nützen sich auf den rauen Untergründen besser ab.

Drunter und drüber Weidenholzbrücken werden gern als Höhle genutzt, doch für einen Happen kann man auch drüberklettern.

Hoch hinaus Die Gurke lockt zu turnerischen Aktivitäten und nebenbei werden auf den Ziegelsteinen die Krallen abgenutzt.

Urwaldexpedition

Besorgen Sie ein Bündel belaubter Zweige – am besten von ungespritzten Obstbäumen, Buche, Haselnuss oder Weiden – und schichten Sie es für den Freilauf auf. Hinein geht's in den Urwald! Die Meerschweinchen können unter den Ästen und Zweigen durchlaufen, sich daran aufrichten und nebenher Blätter, Knospen und Rinde knabbern. Außerdem fühlen sie sich ganz wohl unter dem schützenden Dach aus Zweigen und Blättern.

Beach-Party

Sie benötigen eine flache Schale – z. B. ein kleines Katzenklo oder einen großen Blumentopfuntersetzer – und feinen, trockenen Sand, am besten Chinchilla-Badesand. Füllen Sie die Schale mit Sand und los geht die Beach-Party: Die Meerlis schnüffeln, erforschen den neuen Untergrund und werden vielleicht sogar – sich genüsslich wälzend – ein ausgiebiges Sandbad nehmen. Dabei bleibt natürlich nicht aller Sand in der Schale! Deshalb ist dieses Vergnügen ganz besonders für den Freilauf im Gartenfreigehege geeignet.

Wundertüte Bieten Sie Heu nicht nur in der Raufe an, sondern stopfen sie es in Papprühren oder Papiertüten.

Stretching Erhöht aufgehängte Leckerbissen, die noch gut erreichbar sind, animieren zum Recken und Strecken.

Fitness-Food

Meerschweinchen finden auf ihren täglichen Rundgängen gern etwas zum Knabbern und sollen sich für ihre Leckerbissen ruhig etwas anstrengen. Zum Beispiel so:

- Futterstückchen werden nicht einfach im Napf serviert, sondern im ganzen Raum versteckt.
- Füllen Sie ein Span- oder Weidenkörbchen mit Heu und verstecken Sie darunter kleine Gemüsestückchen.
- Binden Sie Petersilie zu einem Sträußchen und hängen Sie es so auf, dass die Meerschweinchen sich recken und strecken müssen, um davon zu naschen.
- Auch eine an einem erhöhten Platz eingeklemmte Karotte regt zum „Stretching" an.
- Unter einer umgedrehten kleinen Schachtel können Sie Leckerbissen verstecken. Finden sie die Schweinchen?
- Stopfen Sie Heu in eine kleine Tonröhre oder eine leere Klopapierrolle – die Meeries müssen es dann Halm für Halm herauszupfen. ■

MEERSCHWEINCHEN-ZIRKUS
„Manege frei"

Meerschweinchen sind ganz schön schlau! Hast du nicht Lust, auch anderen zu zeigen, was sie alles können? Übe diese Kunststücke mit ihnen, und schon bald heißt es „Manege frei" für deinen Meerschweinchen-Zirkus.

❶ Seiltänzer

Du brauchst zwei Ziegelsteine oder auch zwei Holzröhren und ein ca. 15 cm breites Brett oder eine kleine Hängebrücke. Stelle die Röhren im Abstand zueinander auf und lege die Hängebrücke darüber. Nun sollen deine Meerschweinchen über diese Brücke klettern. Anfangs musst du sie vielleicht noch mit einem Leckerbissen locken, aber bald schon können sie es auch allein.

❷ Hürdenläufer

Locke deine Meerschweinchen mit einem Leckerbissen über ein Hindernis. Gib dazu ein Zeichen wie: „Hopp!" Bald werden sie bei diesem Signal über das Hindernis klettern – auch über deine Beine.

Löwensprung ❸ ❸

Besorge dir einen kleinen Reifen und bring deinen Meerschweinchen bei, hindurchzuklettern. Zuerst steht der Reifen noch auf
dem Boden, nach und nach kannst du ihn ein bisschen höher halten,
aber nur so hoch, dass sie es auch noch spielend schaffen.

Abschiedsgruß ❹

So richtig Männchen wie Kaninchen machen Meerschweinchen
zwar nicht, doch sie können sich durchaus kurz auf den Hinterbeinen aufrichten. Mit einem Stückchen ihres Lieblingsfutters,
das du ihnen über die Nase hältst, kannst du sie schnell dazu
bringen. Sie dürfen sich auch ein wenig abstützen. Das wird der
Abschiedsgruß deiner Meerschweinchen-Artisten.

❹

SPIELREGELN FÜR MEERSCHWEINCHEN-DOMPTEURE

Damit auch deine Meeries Spaß am Zirkus
haben, beachte bitte diese Regeln:

- Zwinge deine Meerschweinchen nie zu
  etwas, das sie nicht wollen.
- Belohne sie für jeden Erfolg mit einem
  kleinen Leckerbissen.
- Übe nie zu lange, sonst verlieren deine
  Tiere die Lust.
- Übe aber regelmäßig, damit sie die
  Tricks nicht gleich wieder vergessen.

Gehirn-Jogging FÜR SCHLAUE SCHWEINCHEN

INTELLIGENZTEST Hier können Sie testen, wie schlau Ihre Meerschweinchen sind und was sie alles lernen können. Viel Spaß dabei!

Durchs Labyrinth

Bauen Sie aus Pappkartons ein Labyrinth für Ihre Meerschweinchen. Es muss gar nicht sehr kompliziert sein, sollte aber mindestens einen „falschen Weg" bzw. eine Sackgasse besitzen. Nun legen Sie an den Ausgang ein Stückchen Futter und lassen ein Schweinchen nach dem anderen den richtigen Weg suchen. Welches Meerschweinchen ist am schnellsten, welches braucht am längsten? Lernen die Tiere dazu und finden mit jedem Versuch den Weg schneller?

Pfadfinder Finden die Meerschweinchen den Weg durch ein Labyrinth aus Kartonstreifen bis zum Leckerli am Ausgang?

Rot, Gelb, Grün

Sie benötigen drei oder vier verschiedenfarbige Näpfe in den Farben Rot, Grün und Gelb. Oder Sie bekleben gleiche Näpfe mit entsprechend farbigem Papier. Nun kommt nur in den grünen Napf etwas Futter. Natürlich werden Ihre Meerschweinchen durch Schnuppern schnell herausfinden, wo es etwas zu fressen gibt. Doch Sie werden sehen: Nach einiger Zeit laufen sie gezielt zum grünen Napf, egal wo er steht, auch wenn kein Futter drin ist.

Ganz schön bunt Meerschweinchen können Farben unterscheiden und lernen, in welchem Napf das Futter versteckt ist.

Belohnung Nach jeder gelungenen Übung gibt es einen Leckerbissen. Die Übung kann auch "Kommen auf Pfiff" heißen.

Ganz schön pfiffig

Nun versuchen Sie dies: Jedes Mal, wenn Sie Ihre Meerschweinchen füttern, pfeifen Sie oder klingeln mit einer kleinen Glocke, bevor Sie das Futter in den Napf geben. Nach einiger Zeit probieren Sie aus, was passiert, wenn Sie nur pfeifen oder klingeln. Ziemlich sicher werden die Meerschweinchen auch jetzt wieder angelaufen kommen. Sie haben gelernt: Wenn es klingelt oder pfeift, gibt es etwas zu futtern.

Förderprogramm

Nach Ansicht von Tierpsychologen kann man Tiere durch gezielte Aufgaben und intensive Beschäftigung intelligenter machen. Das wichtigste dabei: Sie sollten sich oft mit Ihren Meerschweinchen beschäftigen, sie beobachten und ihnen kleine Aufgaben stellen. Animieren Sie die Tiere immer wieder zu neuen „Leistungen", denn Lernen fördert das Denkvermögen. Auch durch Futtersuchspiele, anders aufgebaute Abenteuerspielplätze und täglichen Freilauf kann man die geistige Flexibilität steigern. Artgenossen, mit denen sie kommunizieren und sich einigen müssen, tragen ebenfalls zum wachen Geist bei.

Check

WIE GUT KENNEN SIE SICH?
Wie gut kennen Sie Ihre Meerschweinchen?
Und wie gut kennen Ihre Meerschweinchen Sie?

❑ Meine Meerschweinchen fangen sofort an zu quieken, wenn ich komme.
❑ Bei leckerem Futter kommen meine Meerschweinchen sofort angerannt.
❑ Ich weiß genau, welches meiner Meerschweinchen das neugierigste ist.
❑ Ich weiß genau, welches meiner Meerschweinchen das ängstlichste ist.
❑ Meine Meerschweinchen lassen sich gern streicheln.
❑ Meine Meerschweinchen haben täglich Freilauf, den ich immer wieder abwechslungsreich gestalte.
❑ Neue Spiel- und Turngeräte erkunden meine Meerschweinchen neugierig und mit Begeisterung.
❑ Wenn ich mit der Hand im Heu raschle, kommen meine Meerschweinchen neugierig angelaufen.
❑ Wenn ich Leckereien im Heim verstecke, suchen meine Meerschweinchen sofort danach.

Können Sie auf all diese Aussagen mit „Ja" antworten? Gratulation! Sie und Ihre Meerschweinchen sind ein wirklich fittes Team! ■

Meerschweinchen-
SERVICE

Zum Weiterlesen

Beck, Angela: **Meine Meerschweinchen.**
Kosmos 2008

Birmelin, Immanuel: **Mein Meerschweinchen.**
GU 2006

Busch, Marlies: **Taschenatlas Pflanzen für Heimtiere,
gut oder giftig?** Ulmer 2009

Morgenegg, Ruth: **Artgerechte Haltung, ein Grund-
recht auch für Meerschweinchen.** Kaufmann 2003

Schmidt, Esther: **Meerschweinchen im Außengehege.**
GU 2010

Spohn, Roland und Margot und Dietmar
Aichele: **Was blüht denn da?** – Das Original.
Kosmos 2008

Wilde, Christine: **Traumwohnungen für meine
Meerschweinchen.** Ulmer 2009

Zum Weiterclicken

Meerschweinchen-Infos

www.nager-info.de
Sehr ausführliche, kompetente und umfassende
Homepage rund ums Meerschweinchen und
allem, was dazu gehört. Christine Wilde lässt
kaum eine Frage unbeantwortet.

www.fraumeier.org
Tolle Site mit vielen Infos zur Ernährung und
Gesundheit. Mit Schweinchen-Webcam.

www.meerchenwelt.de
Schöne Site mit vielen Infos rund um die
Schweinchen. Mit Hörbeispielen zur Meer-
schweinchensprache.

www.berliner-zuckerschnuten.de
Meerschweinwissen in Kürze mit vielen schönen
Fotos. Gerade zur Ernährung findet man Gemüse,
Kräuter und Gräser in Wort und Bild.

Meerschweinchen gesucht?

Hier finden Sie Vereine und Organisationen, die
Meerschweinchen aufnehmen und in liebevolle
Hände weitervermitteln. Falls Sie noch einen
Partner für Ihr Schweinchen suchen oder Hilfe
bzw. Tipps rund um Meeris brauchen, werden
Sie hier fündig:

www.meerschweinchenhilfe.de
www.meerschweinchen-in-not.de
www.sos-meerschweinchen.de

SERVICE

Selbst gemacht

www.tierische-eigenheime.de.tl/
Wunderschöne Eigenbauten für alle Lebenslagen.
Hier finden Sie Anregungen zu selbstgebauten
Bodengehegen, Regalheimen sowie Innen- und
Außenhaltungsmöglichkeiten.

www.spikeskleinewelt.de
Kuschelsäcke, -röhren, Hängematten? Wenn
Sie Freude am Nähen haben, finden Sie hier
schöne Anleitungen für selbstgemachtes Meer-
schweinchenzubehör.

Gekauftes

www.trixie.de
Hier finden Sie Häuschen, Gehege und anderes
Zubehör für Ihre Schweinchen.

www.kaninchenladen.de
Gutes Kräuterheu, getrocknete Blätter und Blüten
sowie Gemüse können hier bestellt werden.

www.knabberzweig.de
Hier gibt es Knabberzweige und leckeres Heu.

Die Autorin

Angela Beck arbeitet seit über 20 Jahren als
Redakteurin im Heimtierprogramm des Kosmos-
Verlages. Ihr Mann Peter Beck war Berater in
der Zoofachbranche und hat über viele Jahre
Meerschweinchen gehalten. Gemeinsam geben
Sie ihr Wissen und ihre Erfahrung in diesem
Buch weiter.
Sie können sich mit Ihren Fragen an Angela
Beck wenden. Mailen Sie an die "KOSMOS-
Infoline". heimtier-infoline@kosmos.de

Danke

Ein herzliches Dankeschön geht an alle Meer-
schweinchenbesitzer, die ihre Tiere für das Foto-
shooting zur Verfügung gestellt haben. Ebenfalls
bedanken wir uns bei der Firma Trixie, die uns
bei der Ausstattung der Fotos großzügig mit ihren
Produkten unterstützt hat. Die Meerschweinchenhilfe e. V. stand uns beim Dreh der Filme für
die QR-Codes mit Rat und Tat zur Seite, ihnen sei
dafür gedankt. Und natürlich ein dickes Dankeschön an alle Schweinchen. Ohne die Mithilfe
aller Beteiligten vor und hinter den Kulissen wäre
es nicht so ein schönes Buch geworden.

Register

IMPRESSUM

Bildnachweis

118 Farbfotos wurden von Tierfotoarchiv-Drewka/Kosmos für dieses Buch aufgenommen. Weitere Farbfotos von Oliver Giel (1; S. 67 o. r.), Sabrina Herrmann (2; S. 20 u. l., 21) und Claudia Schmid-Hassler (1; S. 20 u. r.).

Die Filme für die QR-Codes wurden von Dr. Evelyne Fiedler, science&Art Wissenschaftliche Medien für dieses Buch gedreht.

Impressum

Umschlaggestaltung von GRAMISCI Editorialdesign unter Verwendung von zwei Farbfotos von Tierfotoarchiv-Drewka/Kosmos.

Mit 127 Farbfotos

Alle Angaben in diesem Buch erfolgen nach bestem Wissen und Gewissen. Sorgfalt bei der Umsetzung ist indes dennoch geboten. Der Verlag und die Autorin übernehmen keinerlei Haftung für Personen-, Sach- oder Vermögensschäden, die aus der Anwendung der vorgestellten Materialien und Methoden entstehen könnten. Es wird empfohlen für die Online-Zusatzangebote WLAN zu verwenden. Das mobile Surfen ohne WLAN kann dazu führen, dass zusätzliche Kosten für die Datennutzung bei Ihrem Mobilfunkanbieter entstehen.

Unser gesamtes lieferbares Programm und viele weitere Informationen zu unseren Büchern, Spielen, Experimentierkästen, DVDs, Autoren und Aktivitäten finden Sie unter **kosmos.de**

Gedruckt auf chlorfrei gebleichtem Papier

© 2013, Franckh-Kosmos Verlags-GmbH & Co. KG, Stuttgart.
Alle Rechte vorbehalten
ISBN 978-3-440-13254-8
Redaktion: Alice Rieger
Gestaltungskonzept: GRAMISCI Editorialdesign, München
Gestaltung und Satz: Atelier Krohmer, Dettingen/Erms
Produktion: Eva Schmidt
Printed in Italy / Imprimé en Italie

FSC
www.fsc.org
MIX
Papier aus verantwortungsvollen Quellen
FSC® C023164